KANTU ZOUTIANXIA CONGSHU

Zoujin Shijie Zhuming Yandong

走进世界著名
岩洞

本丛书编委会 编

U0311973

看图走天下丛书

世界图书出版公司
WPC
广州·北京·上海·西安

图书在版编目（CIP）数据

走进世界著名岩洞/《看图走天下丛书》编委会编．
广州：广东世界图书出版公司，2009.9（2024.2重印）
（看图走天下丛书）
ISBN 978－7－5100－0698－2

Ⅰ.走… Ⅱ.看… Ⅲ.溶洞—世界—青少年读物 Ⅳ.
P931.5－49

中国版本图书馆 CIP 数据核字（2009）第 146676 号

书　　名	走进世界著名岩洞 ZOUJIN SHIJIE ZHUMING YANDONG	
编　　者	《走进世界著名岩洞》编写组	
责任编辑	钟加萍	
装帧设计	三棵树设计工作组	
出版发行	世界图书出版有限公司　世界图书出版广东有限公司	
地　　址	广州市海珠区新港西路大江冲 25 号	
邮　　编	510300	
电　　话	020-84452179	
网　　址	http://www.gdst.com.cn	
邮　　箱	wpc_gdst@163.com	
经　　销	新华书店	
印　　刷	唐山富达印务有限公司	
开　　本	787mm×1092mm　1/16	
印　　张	10	
字　　数	120 千字	
版　　次	2009 年 9 月第 1 版　2024 年 2 月第 12 次印刷	
国际书号	ISBN　978-7-5100-0698-2	
定　　价	48.00 元	

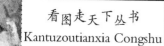

前　言

洞穴在人们的心目中，一直是个充满神秘的区域。欧洲人认为洞穴是通向地狱的通道。电影中描述的洞藏宝藏和守卫的巨蟒，还有各种附加在上面的神秘咒语，撩起了人们对洞穴的向往，也使人产生了恐惧。经常有人问：洞穴里有没有鬼？有没有毒蛇？能找到宝藏吗？等等。这些都不奇怪，因为对洞穴的恐惧和好奇，在人们的心中被无限地放大了。

人类的祖先有很长时间的洞穴居住经历，人类对洞穴有着特殊情结。洞穴里不断发现的人文遗迹，都说明了人与洞穴长期且密切的关系。

北京周口店发现了猿人，长江三峡的峭壁洞穴中发现了悬棺，欧洲各地发现的洞穴壁画，各地在洞穴中发现的各种文物，都反映了人类对洞穴的利用是有史以来就开始的。除了人文遗迹的堆积外，洞中还有大量的古生物遗骸堆积，为科学工作者了解历史提供了大量的详实资料。

洞穴虽有趣，它的开发却并非坦途。因为洞穴常常是人迹罕至的，有野兽栖息，毒蛇居住，害虫藏身。开发时，在没有任何经验和装备的情况下贸然进入，可能会遭到意外的伤害，甚至危及生命安全。有些天然的岩洞可能是盲洞或者废弃的矿洞，通风不良，氧气不足，有二氧化碳及硫化氢等有害气体沉积于洞穴深处，会使人因缺氧窒息而昏迷洞中。有些构造奇特的岩溶洞因其通道曲折崎岖，高低错落，岔洞很多，稍不小心便会迷失方向，或者从潮湿滑润的岩壁上跌落造成意外损伤。

因此，对洞穴我们应该辩证地看待它，它有其可怕的一面，因为对地底世界的探索是真正的探险，但又只是正常的地质现象，很多洞穴都开放为游览景点。《走进世界著名岩洞》就为你精心挑选了一些有趣的洞穴，并配以精美的图片，让你不必如前辈般冒着生命危险，也能欣赏这些充满魅力的洞穴。

目　　录

安顺龙宫（中国）

　　龙宫风景区位于贵州省安顺市区西南 27 千米，与黄果树风景区毗邻，距省会贵阳市 116 千米，距黄果树瀑布 30 多千米。龙宫于 1980 年被发现，以暗湖溶洞称奇，泛舟湖上，可作洞中游。

　　龙宫总体面积达 60 平方千米，从整体上可分为中心景区、漩塘景区、油菜河景区、蚂蟥菁景区四个分景区，融瀑布、峡谷、峰丛、绝壁、湖泊、溪河、民族风情、宗教文化于一体，景色奇美，堪称人间仙境。景区内有全国最长、最美丽的水溶洞，还有着多类型的喀斯特景观，被游客赞誉为"大自然的奇迹"。中心景区方圆 10 平方千米的范围内，星罗棋布地分布着大大小小的水、旱溶洞 90 余个，是全世界水旱溶洞最多、最集中的地方。

　　龙宫景区以水溶洞、洞穴瀑布和旱溶洞为景观主体要素，并有山野风光、石林奇趣、田园村寨等，可谓旅游景观多样。龙宫全长 3000 多米，由暗河连接五组溶洞组成。群众戏称"五进龙宫"。一进龙宫由宫门到蚌壳岩，二进龙宫由蚌壳岩到花鱼塘，三进龙宫由花鱼塘到青鱼洞，四进龙宫由青鱼洞到枫树洞，五进龙宫由漩塘经观音洞到小菜花湖。暗河水最深处 28 米，最宽处 30 多米，最窄处只能容一小船出入。龙宫与一般旱洞不同，它浸在一泓碧水中。泛舟穿行溶洞间，宛如荡舟"龙王水晶宫"。

　　面积约 8 平方千米的龙宫风景区里，还有因岩溶发育形成的大小

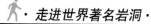

安顺龙宫

旱洞20多个，有新寨洞、龙旗洞、天剑洞和虎穴洞。四洞中以新寨洞最大，又名"玉柱洞"，洞深一千米许，有七个洞厅和奇丽多姿的岩溶景观。玉柱洞、龙旗洞、天剑洞，因洞中有奇特的石柱、石幔、石笋，形似玉柱、龙旗、宝剑得名。虎穴洞得名，因附近有一山头状如猛虎。

　　景区除龙宫外还有龙门瀑布、蚌岩飞燕、花鱼桃源、云山石林、卧龙池、坝上桥等景点。龙门瀑布在龙宫宫门近旁，是由天池水通过洞窗直泻而下形成。瀑布宽约25米，高达34米。瀑声如雪崩雷鸣，宽度和高度为洞中瀑布所罕见。当地群众称此景为"白龙出巢"。

双龙洞（中国）

　　双龙洞距浙江省金华市区约 15 千米，坐落在海拔 1000 多米的北山南坡。双龙洞以景物奇美，并以洞内"卧船、观瀑、赏石"三种特殊游览方式而扬名于世。

　　双龙洞海拔 520 米，由内洞、外洞和耳洞组成，洞口轩朗，两侧分悬钟乳石酷似龙头，故得"双龙"此名。

双龙洞

外洞宽敞，面积大约有 1200 平方米，像个大会堂，可容纳千人。常年气温约为 15℃，冬暖夏凉。每当盛夏酷暑，每天在外洞有近千人在此纳凉消暑。如果说双龙洞是"龙宫"，那么外洞就是"龙厅"。其西壁挂一"石瀑"，犹如洪峰倾泻，往前有景石"骆驼仰首"、"石蛙窥穴"、"雄狮迈步"等。内外洞有巨大屏石相隔，仅通水道，长 10 余米，宽 3 米多，高不及半米，这个隘口被称为"蛤蟆嘴"，欲观赏内洞唯有平卧小舟，仰面擦崖逆水而入，有惊无险，妙趣横生，具有"水石奇观"之美誉。内洞的面积大约是外洞面积的两倍，钟乳石、石笋造型奇特，布局巧妙，令人目不暇接，仿佛置身于龙宫。内洞有"黄龙吐水"、"倒挂蝙蝠"、"天马行空"等景观，形象逼真，得天独厚。

最值得称奇的是洞的左侧有一处石罅，喷出一股清冽的泉水，仿佛是龙嘴汩汩吐着水。喝上几口，凉爽甘冽，痛快至极。据说是郁达夫在此游玩时发现的。

双龙洞现为国家森林公园，是国家级风景名胜区，素以林海莽原、奇洞异景、道教名山著称于世。双龙洞位于双龙景区的中心，是整个景区的核心与象征。双龙洞成为自然风景名胜的历史已有 1600 多年。

历代文人雅士、骚人墨客慕名而游历者，举不胜举。南北朝时期的沈约，唐代的陈子昂、孟浩然、刘长卿，宋代的王安石、苏轼等，他们或写下游记诗篇，或题词留下墨迹。现代的郁达夫、郭沫若、叶圣陶等在此游历之后也留下了不少佳作。

奇梁洞（中国）

　　奇梁洞位于凤凰古城以北约 5 千米，溶洞全长 6200 多米，由地下
河和高层干洞组成，共分三层（第一层阴阳河，第二层迷魂谷，第三层
天堂和画廊）。

　　此溶洞岩石形成于古生代中寒武纪浅海盆地中，距今约 5 亿～6 亿

奇梁洞

年。奇梁洞以"奇、幽、峻、秀、险"著称全国，洞内有楼，楼外有山，洞里有山，山顶有洞。集山、河、峡谷、险滩、绝壁、飞瀑、丛林、田园、村落于一洞，千姿百态，宛若一幅幅瑰丽的画卷，有"奇梁归来不看洞"之说。世界著名的地质学家 B·D·埃德曼考察了奇梁洞后也认为这是世界上罕见的最美的溶洞。

奇梁洞内有溪水穿越而过，响声清脆洪亮，余韵袅袅；洞口气势磅礴，洞中有山，山中有洞，洞洞相通。它集奇岩巧石、流泉飞瀑于一洞，千姿百态的石笋、石柱、石钟乳林立，令人叹为观止。洞内景区有古战场、画廊、天堂、龙宫、迷魂谷等，俨然一奇瑰无比的世界。

"水帘洞"，洞深 30 多米，洞长 700 米～800 米，是奇梁洞未开发的支洞之一。这里有很有名的古战场，相传宋代末期，土人何车（又名鸡公大王）在苗山鸡公寨聚众造反，驻守在洞中，利用迷魂锣和追命鼓法宝，多次击退官兵的进攻，后因部下何三告密，致使全军覆没。此洞

奇梁洞画廊

又名锣鼓洞，据说当年鸡公大王的两件宝物：追命鼓和迷魂锣就藏于此，后因涨水沉到洞中的深潭里。

奇梁洞的第二层是"迷魂谷"。由于当年刚开发的时候很多地质学家和考古学家都在这里迷路了，所以取名为"迷魂谷"。在溶洞的半山亭上，可以看到一个类似海螺的"海螺石"，是苗王当年用来召集兵马用的，它的上面有一个因常年滴水穿石形成的小洞。还有一些圆圆的坑，是当年苗民来制硝的。

画廊全长 2400 余米，温度在 16℃～18℃左右。在这里有两种并存的自然现象：一种是滴水穿石，一种是滴水长石。这些现象是因为水质和地质的不同而产生的差异。这儿还有没人耕耘的千丘水田及旱田。画廊还是天然的歌厅，游客们可以在这里放声唱歌，享受一种别样情趣。

| 本篇简介 | 芦笛岩洞又名"国宾洞"，雄伟广阔，洞内天然形成 |
| Benpian Jianjie | 密集的钟乳石，线条丰富流畅。 |

芦笛岩洞（中国）

　　芦笛岩洞穴位于著名旅游城市广西壮族自治区桂林市西北桃花江右岸的茅茅头山南侧，是我国著名的旅游洞穴之一。因洞口附近丛生芦荻草，用此草做成笛子，吹起来音色柔美，如袅袅仙乐，又如山洞流水，于是人们就把洞名改为"芦笛岩"。昔日野兽出没的地方，如今已变成了"人间仙境"，被誉为"地下艺术宫殿"。

　　芦笛岩平面形状像一个口袋，也像一只草履，东西长 240 米，南北宽 50 米～90 米，高度多在 10 米以上，最高处为 18 米，游程约 500 米。洞穴口部海拔标高 176 米，与谷地相对高差 27 米。主洞是一个 14900 平方米的巨大厅堂，洞的四周边界不规则，并在多处延伸为支洞。东南部有两个支洞：一个支洞长约 90 米，至末端洞底已抬高 29 米，几乎靠

芦笛岩洞

近地面，为一落水洞型支洞；另一支洞呈裂隙状向下延伸，形成很深的裂隙洞，是芦笛岩洞穴排泄来水的地下通道。

芦笛岩内的堆积物极为丰富，也较集中，大量次生化学沉积物把洞厅装扮得分外绚丽，令人目不暇接。次生化学沉积物中主要是滴水形成物，其中尤以石笋最为繁多，即使是高大的与洞顶相接的石柱，也可以看出以石笋向上伸展占有极大优势。其次是壁面流石如石幕、石带、石瀑布等。洞内也有盾状钟乳石发育，其下部往往有流苏下挂。在芦笛岩中的流苏特别长，形成圆帐子一般。洞床底部流石分布范围不大，仅存在于东大厅内，也不是呈钙板状分片分布，而是呈脉状、阡陌状流石坝形式出现，流石低矮细小，一般不为人们所注目。

由洞门向内，首先看到的是"狮林朝霞"。石柱和石笋组成的参天古树林，显出峰峦层叠的山林景色。远远望去，云天一色，黑黝黝的天穹中有一抹朝霞，红色的光芒射向四方，显出朝阳已喷薄而出。石柱下面的石笋像刚从睡梦中醒来的雄狮、幼狮，迎着朝阳，或嬉或跃，或作腾越之势，又作翻滚之态，朝气十足。洞顶有水滴落下，发出嘀嗒的声音，仿佛啄木鸟啄树虫时发出之声，增添林中的活力。右边为盾状钟乳石形成的"圆顶蚊帐"，流苏下坠长近2米，有折皱线条，半撩半掩，仿佛主人刚刚离去；远望又似"出塞昭君"辇车，华盖迎风。罗帐前方，有一石瀑高悬，如昭君的绸带，飘逸空间。向前不远可以看到冬天雪景图，银白色的碳酸钙，洒落在一片青松的枝叶上，形成一幅"雪压青松"的丹青。枝叶上银光灿灿，闪烁不停，青松傲然挺立，高风亮节。其旁是满山雪景，有似雪人，有如草原雪山，雪野苍茫，大地一片银光。刚刚观赏完冬日美景，转眼间就见到春夏景象，满园瓜果，琳琅满目，挂满枝头树梢，显现出一派农家乐的"田园风光"。随之就是一座珍贵的"灵芝"、"人参"等形成锦绣玉山，有灵路一条，直往前伸，其上有方解石结晶，晶亮闪烁，绚丽多彩。其旁有一座盘龙宝塔，塔身不高，却有雕龙盘身，龙头张口吞云喷雾，龙爪伸展，欲抓游人。

再往前就是"云台揽景"，景美而缥缈，由云台凭栏下瞰，下界如花园，细细地闻，还真有芬芳的馨香呢。向东远望，可见一片荷池，随风摇曳，一派田园佳景。云台是一个坠落堆积物体，由巨大的石块和坠落倾倒的钟乳石、石笋等组成，堆积的厚度大于 15 米。"云台揽景"是洞穴跨度最大的地方，这里有一条近东西方向的断层通过，更由于洞顶的岩石较平缓，故而最易崩塌。从坠体上又生长出的石笋现象可以判断，坠落发生在洞穴大量次生化学沉积物形成早期或中期。

过了"云台揽景"，就到了"原始森林"，成片石柱、石笋林立，或高或矮，或粗或细，集结在一起，显示出密密麻麻、葱葱蓊蓊的原始风光，充满了神秘的色彩。前面便是"双柱擎天"，一根石柱直顶穿顶，一根石笋正节节拔高，但欲顶不能，谁能知道它何时及顶？芦笛岩有很薄的石幔或薄层状钟乳石组成的景点称"帘外云山"。这种石幔，敲之铿锵有声，声脆音悦，故人们称此为"石琴"。"帘外云山"，云涌峰间，山浮云中，一片群山，隐现于茫茫云海之中。

"水晶宫"是一个辉煌的大厅，高度向四周逐渐变小，悬挂的钟乳石如盏盏宫灯，疏落有致。仔细观察还可以发现有的石笋如"跃水鲤鱼"，奋投水中，鱼尾和鱼鳞仿佛出自真鱼。"水晶宫"里石笋尖尖，钟乳石丛生，倒映在水中，如万剑刺空，直冲云霄锷未残，精美绝伦。离开"水晶宫"，踏上狭窄小道，拾级而行，回头遥望"水晶宫"的灯火，又似"渔歌唱晚"的景色一般。昏沉微红的晚霞，从地平线深处透射出来，已显得天色将晚，

而在天穹之下的江河中，有几点灯火，闪闪发光，像煞渔船航归。在出口处为一头矫健的雄狮昂首而立，气宇轩昂，威风凛凛。

芦笛岩的洞景，令人不得不叹服天工造物之奇。这个绚丽奇幻的岩洞，无愧为"大自然艺术之宫"。

芦笛岩内还保存着大量唐末以来的壁书，洞壁上用墨笔书写的"一洞"、"二洞"、"三洞"、"四洞"、"六洞"、"八洞"和"洞腹"等字样，

显然是对洞内景区的划分。此外有前人给洞中景物命名为"塔"、"龙池"、"笋"等题字。据统计，已发现最早的壁书为唐贞元八年（公元792年），并多为全国各地游览者的游志。经整理共有83则壁书，现尚存77则，其中唐5则，宋11则，元1则，明4则，民国4则，年代无考52则。由此可知，芦笛岩被发现为旅游洞穴已有长达1200年左右的历史了。

织金洞（中国）

织金洞原名"打鸡洞"、"乾宏洞"、"织金天宫"，位于贵州织金县城东北面 23 千米官寨乡东街口。1980 年 4 月，织金县人民政府组织的旅游资源勘察队发现此洞。织金洞囊括了当今世界溶洞中的各种沉积形态，它既是一座地下艺术宝库，又是一座岩溶博物馆。织金洞是我国著名的喀斯特风景名胜区，是 1988 年国务院审定公布的第二批国家级重点风景名胜区，与红枫湖、龙宫、黄果树大瀑布三个国家级风景区共同形成旅游黄金环线。

织金洞

织金洞属亚热带湿润季风气候区域，地处我国乌江上游，系受新构造运动影响，地块隆升，河流下切溶蚀岩体而形成的高位旱溶洞。地质形成约 50 万年，经历了早更新世晚期至中晚更新世。由于地质构造复杂多变，使该洞具有多格局、多阶段、多类型发育充分的特点。

织金洞已开发的洞厅 47 个，洞厅最宽处 173 米，一

织金洞石花斗奇

般高50米～60米，最高达150米。洞内地形复杂，有40多种岩溶形态，有"岩溶博物馆"之称。洞外有地面岩溶、峡谷、溪流、瀑布等自然景观与布依、苗、彝族村寨。整个风景名胜区面积450平方千米，除织金洞景区外，有织金古城、裸结河峡谷、洪家渡景区。

织金洞地处乌江源流之一的六冲河南岸，属于高位旱溶洞。洞中遍布石笋、石柱、石芽、钟旗等40多种堆积物，形成千姿百态的岩溶景观。洞道纵横交错，石峰四布，流水、间歇水塘、地下湖错置其间，被誉为"岩溶瑰宝"、"溶洞奇观"。

织金洞之所以被人们称为"溶洞之王"，在于它在世界溶洞中具有多项世界之最。如整个洞已开发部分就达35万平方米；洞内堆积物的多品类、高品位为世间少有；洞厅的最高、最宽跨度属于至极；神奇的银雨树，精巧的卷曲石举世罕见。

迎宾厅：长200余米。由于洞口阳光照射，厅内长满苔藓。厅顶有

直径约10米的圆形天窗，阳光可直射洞底；窗沿串串滴落的水珠，在阳光的照耀下，仿佛撒下千千万万个金钱，称"圆光一洞天"，又名"落钱洞"。侧壁旁一小厅，中有一棵十余米高的钟乳石，形如核弹爆炸后冉冉升起的蘑菇云，名"蘑菇云厅"。厅内还有直径约四米的圆形水塘，站立塘边，可观看塘中如林石笋和洞窗倒影，名"影泉"。

讲经堂：长约200米，宽50米。因岩溶堆积物如罗汉讲经得名。中间有一面积300平方米的水潭，被钟乳石间隔为二，名"日月潭"，系全洞最低点，也是该洞最冷的地方。潭中岩溶物高20余米，底部周围10余米，形如三层宝塔，顶端坐一佛，如聚神讲经。东侧半圆形石台上众多罗汉齐集谛听，有的手捧经卷，有的托腮凝思，有的问讯于邻。洞壁如七色俱备的天然壁画，呈山峦、林海、田野诸景。潭北有陡坡，石径盘旋而上，伸手可触及顶板，左侧有九根石柱，直抵顶棚，形如蟠龙。

塔林洞，又称"金塔城"：金塔城内的塔林是织金洞内最大的景观，面积16000余平方米，有石塔100余座，呈金黄色，熠熠闪光，最高的达30余米，底部围20余米。群塔将景区分为11个厅堂，其间遍布石笋、石柱、石帷、钟旗，形态各异，气象万千。"蘑菇潭"潭水清澈，中有

讲经堂

无数朵石蘑菇，影随波动；潭前石花成片。

万寿宫：远古时洞顶塌落的巨石堆积如山，称"万寿山"。后来山上又覆满岩溶堆积物。上有珍奇的"穴罐"，呈椭圆形。旁有"鸡血石"，晶莹绯红，酷似"孔雀开屏"。有三尊"寿星"，高10米～20米。洞顶和洞壁由黄、白、红、蓝、褐等颜色涂成，形成了一幅优美的画卷。

著名作家冯牧曾经赞叹道："黄山归来不看岳，织金洞外无洞天。"织金宫是国之瑰宝，天下奇观。它的各种造型无一不逼真，无一不形象。这种形象美构成了一个奇妙有趣的世界，充满了勃勃生机，令人精神舒畅。这正是织金洞的魅力所在。

香港海蚀洞群（中国）

海蚀洞是海水不断冲击山丘，将岩石冲出一条小巷而形成的。香港地区的基岩岛颇多，这么多的基岩海岛之中，不仅有良好的沙滩海港，也有许多的奇石怪岩，前者为泥沙堆积而成，后者则是海浪长期冲蚀的结果。

吊钟洞是香港地区著名的海蚀洞，它位于溶西洲之南的吊钟洲南端。因它远看像一口巨大的吊钟而得名。其洞高约3米，深约16米，小船可以穿梭来往于其中，接送旅游者自钟耳处进入洞内。洞内圆石成滩，可涉水登临。卵石大小不一，大者如碗，小者如卵，在波浪的长期冲磨下，表面十分光滑，游人至此，拾上几颗带回家去，可作纪念。

横洲角洞是另一处海蚀洞，位于瓮缸群岛横洲。横洲角洞状若半月形，洞高达20余米，宽6米多。洞口左边还有一个小洞，洞之通道十分狭窄，仅容一小型橡皮舟通过。洞道虽狭小，浪流却湍急，故横洲角洞内的景色要比吊钟洞险些。瓮缸群岛另外还有两洞，一曰沙塘口洞，一曰榄湾角洞。前者位于峭壁洲南端，高10余米，洞旁有高约30多米的海崖陡壁，险峻异常。此洞十分狭窄，舟行其中，宛若小巷行车，两壁可触。后者位于火石洲东南部的岬角处，其状如关公青龙偃月刀横卧地上，故又得名关刀洞。

榄湾角洞高约16米，宽3米多，洞顶岩石裂缝较多，令人望而生畏。此洞又面临南海，外无屏障以挡波浪，故洞内浪凶潮急，不易

海蚀洞

进入。

　　鹤岩洞位于坑口区的青洲，洞口高深宽广。进入鹤岩洞内，首先看到的是一个大厅，再深入 20 米，是一条狭窄的通道。洞中有各种奇特的礁石，乘小舟可缓缓进入观赏，但一旦落潮时，小舟会搁浅，无法向前行走。其右边是一条修长曲折的小岔道，由此继续深入，洞内光线逐渐变弱，洞内多卵石。

　　水帘洞飞鼠岩是香港地区东部众多洞穴中最为出色的一个海蚀洞穴，长度达 60 多米。因洞口常年滴水，尤其是雨后，洞前水帘悬挂。洞口前常有蝙蝠（飞鼠）飞来飞去，由此得名。水帘洞前面有暗礁，小舟抵此，游人登陆而进洞内，逐级而上，妙趣横生。当潮水退去时，右边还会显现出一个洞，高不过 1 米，深却达十几米。在洞中，自内向外望去，阳光从外面投射进来，逆光下的洞中景色，更显得奇形怪状，妙不可言。

张保仔洞是一个引人入胜的地方，那里有一个狭窄黑暗的洞穴，洞穴据说是张保仔藏宝之地。

张保仔洞（中国）

香港南丫岛北段沙埔村后尖鸡山山麓有一山洞，传说是清中叶著名海盗张保仔藏金的地方。洞分5层，深约10余丈。张保仔原名张保，原为渔家之子，相传他于15岁时随父亲出海捕鱼时，被海盗郑一收养

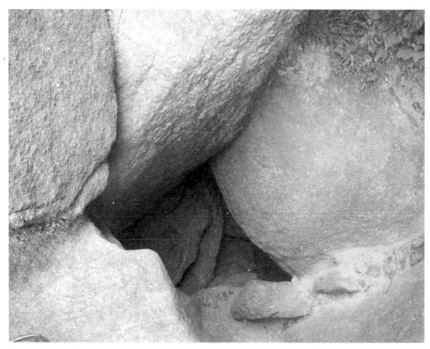

张保仔洞

为养子。清嘉庆年间，郑一死去，张保仔便成为海盗的首领，称霸珠江口一带。张保仔出任首领之后，纪律甚严，拥有部属达三四万人，船舰五六百艘，对广东沿海造成极大威胁，连两广总督也感到棘手。嘉庆十五年，张保仔向清廷投降，当了官。现时的张保仔洞，便是传说中当年张保仔用来收藏盗来的财物和军火的地方。

那里有一个狭窄黑暗的洞穴，在入口有手电筒可以租借。前往该处，可沿山顶道向南走，亦可选择在渡轮码头乘坐舢板直达长洲南部西湾码头，然后沿张保仔道前行。沿山顶道继续向前行可抵气象台，从这里眺望全岛景色，一览无遗。

本溪水洞（中国）

　　本溪水洞是数百万年前形成的大型充水溶洞，位于距辽宁省本溪市35千米的东部山区太子河畔。

　　本溪水洞在侠柯山中，该洞由九曲银河洞、蟠龙洞、银波洞三部分组成。洞口坐南朝北，高于太子河面13米，洞身向山里延伸，长度

本溪水洞

3000 余米，面积 3600 多平方米，容积 40 万余立方米。洞内钟乳石、石笋、石柱、石华、石幔均发育良好，形状奇异，蔚为大观。清代同治年间诗人魏瓷均曾游此洞，留诗一首可见一斑："拔云探洞口，云散洞天深。石穴千年乳，冷冷滴到今。冥蒙藏太古，寒气积阴深。闻有烧丹士，长年此陆沉。"洞中温度变化不大，冬夏仅差 1～2℃，年平均气温在 10℃ 左右，盛夏时由于洞内外温差较大，常常会出现云遮雾掩、时隐时现的迷漫现象，传说这是洞内有妖蛇孽龙在洞内向洞外"呵气"而造成的。

九曲银河洞有四宫、三峡、四十六景，即银河宫（四景）、芙蓉峡（四景）、二仙宫（七景）、双剑峡（四景）、玉皇宫（九景）、玉象峡（九景）和尾端的北极宫（九景）。银河宫是九曲银河洞的第一宫，里面建有乘坐游艇的码头栈道，左通银波洞，右连蟠龙洞，高 6 米，宽 20 多米。洞口有泉水从 10 余米高的侧洞中倾出，沿峭壁下泻，霰飞珠溅，碎花缤纷。由栈道乘游艇逆水而上，洞大河阔，无波少浪，洞中幽晦，爽人心肺，有飘然羽化成仙的感觉。船过银河宫，就迎芙蓉峡，仰观百米洞顶，无数钟乳石倒垂，如"宝莲灯火"，灯火火焰却一律吹向洞口，呈翘起状向前。芙蓉峡洞水清波涟漪，两岸石幔如画，正是"一游赢得襟怀爽"。过芙蓉峡，进入石笋世界——二仙宫，遍地皆是的石笋，大小不一，参差不齐，大的如横空出世，小的如雨后春笋，形如"玉帝"、"王母"、"西天佛祖"、"南海观音"、"东方圣帝"、"北极玄灵"等各种形象，栩栩如生。景点除了"聚猿坡"、"蟠桃盛会"、"福寿双星"、"金钟室刹"、"玉柱擎天"之外，还有"龟蛇锁江"。穿过"龟蛇锁江"，就到双剑峡，峡顶"倚天长剑"、"斩妖神剑"直插水面，长四五米，双刃凌波，点于水面，剑光森森，令人惊骇不已。玉皇宫为第三宫，钟乳石纷垂，石笋林立，艇移景迁，使人眼花缭乱，目不暇接，游兴盎然。宫内有"天王室塔"、"太白神笔"、"巨笏朝天"、"南海菩林"、"麒麟望天"、"千钩石"、"仙姑岩"等奇观，具有"瑶宫瑰景异尘寰"、"别有天地非人间"的仙乡幻境。

玉象峡是水洞第三峡，也是最长的一峡。有"大醉塔"者，已倾斜45°，斜躺于洞壁，摇摇欲坠而不倒。传说此塔原本尘世之物，因受日月之精华，吸阴阳之元气，已修炼成正果，可列位于仙班，只因偷饮西天王母的玉液琼浆，被玉帝降罪，还其本来之面目，永远歪斜于洞河之滨。峡内"玉象戏水"一景，白象惟妙惟肖，传说为释迦牟尼尊者如来佛的坐骑，受九曲银河洞内清冽甘甜洞水的引诱，擂鼻清流，渴饮不止，忘返西天，留于人间洞府之中。

最后进入了北极宫。初进此宫，雨雾溟濛，寒风习习，拂面而来。再进则是珠雨溅落，湿人衣裙。有景点"珠峰挂玉"、"天山烟云"、"昆仑披雪"、"雪山映日"、"海兽双欢"和"银鹰独立"等。尽头为一巨大岩石，矗立河中似为"天石当关"，水从底部涌出，洞不知去向，有待进一步深入探究了。

蟠龙洞顾名思义，状如龙蟠，首尾相衔，甚为罕见。此洞有两个洞口，一可折腰伏进，一可侧身仰进。进入主洞，便看到大洞小洞、左洞右洞甚多。有"海眼"一景，系圆圆一井潭清泓，不知水自何来，不盈不涸，似通东海，令人遐思为"海之眼"。最奇特的为"香脂壁"，为一片石幔，色彩缤纷，有的

玉象峡

青光，有的杏黄，有的乳白，有的银脂，从中却透出阵阵芳香，这种因沉淀而有香味的石幔与浙江金华双龙洞钟乳石的香味一致。洞内有"龙涎幛"和"龙涎潭"，"龙涎幛"系一壁连接顶底的大片石幔，条条褶皱，缕缕丝流，如龙涎吐滴壁上；"龙涎潭"则为一池清水，幽晦深邃，似龙涎滴聚池中。经"过缨峡"，来到"悬峰岩"，岩为群峰倒垂穿顶，尖利如削，令人触目惊心。蟠龙洞有一段河水畅流，养有十分名贵的红鳟鱼，该鱼又名瀑布鱼，产于温带，对水温、氧气的要求十分苛刻。洞内养鱼是一大创举，并构成佳景"洞河观鱼"。

银波洞是水洞水的排泄口，洞长不超过70米，洞体矮小，游人难以深入，而水由岩下流出，排入太子河。因洞内蝙蝠众多，又名"蝙蝠洞"。有一种红色蝙蝠，白天夹杂在成千上万只灰褐色蝙蝠群体中，栖息于洞内，倒悬于洞顶，粗略一看，像岩隙间生出鲜红的玛瑙。洞水清平如镜，可见鱼儿成群徜徉游动，倏忽而来，倏忽而去，为寻食和争食蝙蝠粪便竞相奔忙。

很久以来，本溪水洞以神秘虚幻的景象传诵人间。在风和日丽，天气晴朗的时刻，可见薄雾缭绕，轻烟迷漫，飘飘忽忽，氤氤氲氲，或高或低，在洞口飘移；在阴云密布、大

本溪洞的望天洞

雾弥天之际，侧耳洞畔，却可听到淙淙叮咚之声，悠扬悦耳，抑扬顿挫，"大弦嘈嘈如急雨，小弦切切如私语，嘈嘈切切错杂弹，大珠小珠落玉盘"，这种"仙乐"，疑是神仙宴庆奏乐。当地流传着种种神话：一说水洞是群仙聚会的地方，一说是"九顶铁刹山，八宝云光洞"的长眉老祖李大仙常来这里邀请众神宴饮，也有说水洞里锁缚着九头蛇妖和一条孽龙。因此居民敬畏神妖，不敢涉足其间，时有来者，也仅在洞外求神讨药，益增水洞的神秘色彩。日本侵略者侵华期间，关东军曾一度占据此洞作为军火库，森严壁垒，当地居民均避而远之。直至50年代末，才有政府派来的考古队与地质勘探队相继进洞勘测和发掘。考古队在洞口出土新石器时期的石针、石斧以及自殷商至金元年代人类的生产和生活器具，如骨针、陶器、铁器、青铜器等，这里无疑对古代我国北方人类生产、生活和气候、地理环境的研究提供了宝贵的资料。

1983年5月1日，本溪水洞正式对外开放，每年来游览观光的中外游客近百万，被誉为"北国一宝"、"天下奇观"、"亚洲一流"、"世界罕见"。

腾龙洞（中国）

腾龙洞是我国目前已发现的洞穴中最长的石灰岩溶洞，经过实际测量的长度为 39 千米，其中旱洞长 22 千米，水洞长 16.8 千米。估计腾龙洞穴系统总长度将超过 70 千米。该洞目前已经测过的洞长在世界上排名第 25 位。

腾龙洞位于湖北省清江上游利川市郊区，距离市区 6.8 千米。由水洞、旱洞、鲶鱼洞、凉风洞、独家寨以及三个龙门、化仙坑等景区组成。该洞以其雄、险、奇、幽、绝的独特魅力驰名中外。洞中石灰岩地貌发育完好，石柱、石笋、石花、石幔、石人、石猴等奇观随处可见。洞内透明鱼世上罕见，清江至此跌落形成"卧龙吞江"瀑布，水声如雷吼，气势磅礴。

腾龙洞

腾龙洞洞穴公园总面积 69 平方千米，其西南起于腾龙洞洞口，与明岩峡峡谷景区相连；西北抵于黑洞洞口，与雪照河峡谷景区相通，总体上呈由西南向东北方向展布，是一个沿清江河谷延伸的狭长景区。区内海拔均在 1000 米以上。现已开发的主要景区有二：一为腾龙洞旱洞景区；一为落水洞水洞景区。二景区距利川市城约 6.8 千米，集山、水、洞、林、石、峡于一体，溶雄、险、奇、幽、秀于一炉，声誉远播，遐迩闻名。

腾龙洞整个洞穴群共有上下五层，其中大小支洞 300 余个，洞中有山，山中有洞，无山不洞，无洞不奇，洞中有水，水洞相连，构成了一个庞大而雄奇的洞穴景观。洞内空气流畅，四季恒温 18℃，是旅游、疗养、地质考察的绝妙所在，腾龙洞洞口高 74 米，宽 64 米，已经探明的洞穴长度为 52.8 千米，洞穴面积 200 多万平方米，洞内高山高达 125 米，洞穴最高处 237 米，最宽处 174 米。洞中共有 150 余个洞厅，象形石 140 余种。腾龙洞属世界特级洞穴之一，为湖北省省级风景名胜区。

腾龙洞古名干洞、硝洞。清光绪《利川县志》记载："干洞有硝。光绪十年（1884 年），有采硝者十余人，秉烛而入数十里，惧而返。"洞中情况除从洞口至圆堂关，古代硝客稍有了解外，千万年来，腾龙洞传说百出，一直是一个巨大而神秘的庞然大物。后来经过艰难的探测，逐步揭开了腾龙洞神秘的面纱。

一进洞门，迎面便是一个大厅。大厅面积 15 万平方米，由于蚀余的岩石垮坍，在大厅的顶板上形成了一只巨大的孔雀，孔雀昂首扬冠，彩屏如扇石一样展开，恰像正在向远方的来客致意，所以这个大厅又名孔雀迎宾大厅。大厅本是古人筑灶熬制硝盐的地方，探险队初进洞时，本有一个个直径 2～3 米的硝坑，星罗棋布地散布在大厅的底部。现在，这些古代的化学工场，几乎荡然无存，只在洞壁左侧留下了一两个硝坑和灶孔的遗址，使我们还能想象古人熬制土硝的情景。这不能不说是一个小小的欣慰。

腾龙洞大厅

从洞口到圆堂关，距离大约 2000 余米，除开迎宾大厅外，还要爬过一座峥嵘的石山和穿过两座洞内的大厅，越往里走，景致越奇。数以千计的蝙蝠在洞中飞舞，有如一道道黑色的闪电；一个个明白如镜的豕潭，把洞壁、洞额以及洞外的山峰倒映出来；一群群浑身透明的小鱼，在清澈见底的小溪里游荡，有如一对对羽衣霓裳的精灵。人们都叫它透明小鱼，其实它并非鱼类，而是一种叫红点齿蟾的古生物的幼虫。红点齿蟾浑身釉黑如黛；腹缘长满一圈火红的斑点，十分好看。现在，在凉风洞和牛鼻子洞里，还可以看到它们全身透明的倩影。

目前腾龙洞的奥秘尚未被全部揭开，它依然严守着自身的奥秘，等待着更多的探险家和科学家到这个迷人的世界揭开它的神秘面纱。

在距腾龙洞不远的地方，有最早被发现的三棵活化石水杉树——谋道水杉王。另外，土家族的风俗民情以及古代巴蜀文化、畅销海外的药材、猕猴桃等特产更为腾龙洞锦上添花。

天鹅洞以溶洞数量多，分布密，规模大为八闽洞群之冠，堪称中国东南地区罕见的洞群世界。

天鹅洞群（中国）

　　"天鹅洞"因坐落于湖村天鹅山和洞内钟乳石如同天鹅般美丽而得名，位于福建省宁化县东部 28 千米处的湖村镇内，总面积 248 平方千米，集自然和人文景观于一体，并以自然景观为主，尤以喀斯特地貌岩溶奇观为最。天鹅洞群为岩溶化学沉积结构，拥有地下暗河、水中石林、石林、岩溶湖，汇集了岩溶地貌景观的山、水、洞三景为一体，具

天鹅洞国家地质公园

备了"奇、险、幽、深、美"的特性。

洞群由天鹅洞、神风洞地下河、石屏洞、水晶洞、山涧一线天等近百个风貌各异的溶洞组成，洞内景观幽奥、千奇百怪、流光溢彩、水天一色、变幻莫测。经国家地质矿产部岩溶地质研究所专家考察论证，天鹅洞群"其洞群规模之大、溶洞数量之多、洞穴分布之密、岩溶景观发育之完善为福建之冠"，并誉为"中国东南地区罕见的洞群世界"。洞群中尤以溶洞地下河水中的石林在国内独树一帜，洞内钟乳石丰富密集，岩溶造型奇特精巧、种类繁多，被福建省旅游资源科学考察组专家称为"福建省首屈一指地下岩溶艺术博物馆"。

天鹅洞洞内钟乳石丰富密集，造型奇特精巧，种类繁多，被誉为"福建省首屈一指地下岩溶艺术博物馆"。该洞是水平廊道式与竖井分层式相结合的奇异落洞。分上中下三层，前后共 7 个大厅，49 个景点，洞内钟乳累累，石笋林立，造型千姿百态，精美如玉，有似天鹅。洞内

天鹅洞石柱

的石瀑一泻而下，气势磅礴，石珊瑚玲珑别致，如精雕细琢一般。

神风洞是由一条地下河与三个旱厅组成，洞厅宽阔雄浑、缥缈神秘。而深藏于洞中的地下长河，拥有上万平方米水域面积和数千米长的河道，堪称福建第一。泛舟河内，宽阔处如宽广的西湖，狭窄之处又如蜿蜒曲折的三峡一般。位立于河面上的石林，成群成片，规模宏大，造型各异，如鸟似兽，如人似物，千姿百态。抬头仰望，河穹挂满钟乳石，有如满天繁星，俯首观水，七彩石林倒映其中，如龙宫仙境。

2003 年 8 月，宁化天鹅洞被福建省国土资源厅列为省级地质公园。2004 年 3 月，宁化天鹅洞被国土资源部列为第三批国家地质公园。

🚶 **黄果树神龙洞**（中国）

　　黄果树地区是世界上喀斯特地貌发育最为典型的地区之一，它拥有世界上最庞大的溶洞群，黄果树大瀑布就是该溶洞群中一个塌陷的溶洞形成的世界奇观。神龙洞处于该溶洞群的核心位置，位于黄果树至贵阳贵黄公路旁600米，距黄果树大瀑布上游3千米处，是黄果树溶洞群中

神龙洞

最典型、最奇特、最具有欣赏价值的溶洞，也是黄果树风景名胜黄果树神龙洞风光区唯一独立向游客开放的溶洞景观。

洞内曲折幽深，怪石林立，即有金碧辉煌的大厅，也有迷宫般的通道，历经数亿年形成的钟乳石形态万千，精妙绝伦。洞内的景观达 48 处之多。洞内分上、中、下三层，底层暗河与黄果树大神龙洞风光瀑布相连，洞内十余万根钟乳石琳琅满目，大至十余人方可拥抱，小似绣花针。洞中石幔、石瀑、石笋、石花、石柱等溶洞景观比比皆是。

黄果树神龙洞是布依族聚居区。布依族的神话，是布依文化中永不凋谢的艺术之花。

布依族源于古越人，而越人始君乃"禹王苗裔"，因此布依族的崇龙文化来源于古代夏越民族的崇龙文化。布依族崇拜龙，在布依族传统文化中有丰厚的崇龙文化积层。在布依族的神话中有着很多关于龙的故事、传说，布依族把宗教经典称之为"摩经"，它以两种方式传承：一是口耳相传，另一种是用汉字或仿汉族"六书"法创造的方块字记录布依语音，即成为书面摩经。大多记录有较多的神话传说，主要有《访儿经》、《请龙经》、《赎买经》、《退仙经》、《招魂经》等。其中的《请龙经》中对龙的描述有金公龙、银母龙、瀑下龙、山坳龙、田野龙、龙郎、龙崽等七种之多。黄果树神龙洞受到布依族人民的拥护及像神一般的敬仰，被尊为"神洞"。众多神龙的痕迹在黄果树神龙洞的洞内找到了验证，景观巧合地均围绕众多神龙自然铺排。

在神龙洞的风口，有一股凉风迎面袭来，轻风拂面，让人感到特别的清爽，平日里的烦心事都被这股仙风吹散。山坳龙掌管着山林茂盛，所以钟乳石琳琅满目，玉龙雪山、龙菌、雪松等景点，如树如枝如叶如针，多姿多彩；还有百鸟迎宾、石孔雀开屏、石凤凰的展翅，犹如活物一般。田野龙掌管着五谷丰登，千丘田也称流石坝，如层层梯田，宛若一派清新秀丽、安详和谐的田园风光。金公龙和银母龙掌管着财源不断，相连的两个厅万象宫、瑶池仙境，富丽堂皇、包罗万象，石化的奇

神龙洞的龙群

珍异宝比比皆是，水中的倒影更是把御花园内的景色衬托得美轮美奂。龙郎掌管着衣食充足，在后宫之中，各种石幔、石花、石果、石具巧夺天工，琳琅满目。龙崽掌管着子孙发达，许多石钟乳像倒挂着的龙头，守望洞口，故名"群龙送客"；还有一处横卧着的小龙，龙头龙尾清晰可见，且各有神态，可爱极了。

　　黄果树神龙洞曾经是当地少数民族的军事要塞，里面的军事设施至今保存完好。

长白山迷宫溶洞（中国）

　　人们常用鬼斧神工形容奇特的溶洞景观，近年来天然溶洞因其奇险幽深而备受游人的青睐。神奇梦幻般的长白山迷宫溶洞，以其至今未解的自然之谜而格外引人注目。1989年此洞被发现，1993年对外开放。

　　长白山迷宫溶洞位于吉林省白山市区西南部18千米处六道江镇横道村。景区占地5万平方米，目前已经建成为集山、水、林、草、地、溶洞及人文景观于一体的多功能风景旅游区。

　　洞内气候冬暖夏凉，各种溶孔、溶壁、溶沟、溶槽与钟乳石、石笋、石柱、石瀑、石流组成了洞内独有的景观，幻化成神态不同的各种动物、人物和建筑物等形象，构成各种栩栩如生、惟妙惟肖的景观，有"神龟斗鳄鱼"、"万里长城"、"人参仙女"、

长白山迷宫溶洞

"送子观音"、"童子拜佛"等造型奇特的钟乳石雕群。因溶洞内洞中有洞，洞洞相连，上下贯通，纵横交错，曲折环绕，长不见头，如不是有专人引导，外人很难从原路返回，故取名长白山迷宫溶洞。溶洞还发育地下暗河，游人可以听见神奇的流水声，却无法看见流淌的河水。此溶洞尚未有人探明其长度，也未找到溶洞内的地下暗河的流向，成为一个自然未解之谜。

长白山迷宫溶洞夏日结冰，冬季融化，令人费解。洞内有岩溶钟乳、石葡萄等特色景观，现已列为全国八大冰洞之首。其洞区宽敞，现已经探明三层，奇观在第一层区域，钟乳石与冰结晶交相辉映，成为一绝，是我国北方富有代表性的多层迷宫型的岩溶洞群区。

燕子洞（中国）

被誉为"南缴奇观数第一"的燕子洞位于云南红河州建水县城东
30千米处。洞外有3万多平方米枝叶茂盛的天然林地，洞内巢居百万
雨燕，云南红河每年春夏，燕飞如万箭齐发，十分壮观。早在明末清初
就有人筹措银两琢石修缮。新中国建立后，云南红河政府多次拨款修
葺。1987年开发游览以来，游客如云，每年有40余万之众。

燕子洞

每年春夏间，有数十万只雨燕栖息繁殖于此而得名。燕子洞景区有旱洞、水洞和地面景观三部分。

燕子洞内分旱洞和水洞，一上一下，上为旱洞，下为水洞。旱洞形似一巨大的天桥，两面透光，洞厅宽敞可容纳千余人。悬崖上有一石殿，殿内有石帘、石幔、石台。沿绝壁有凌空栈道和吊脚楼，供人游览歇息。数十块摩崖石刻及诗文碑刻遍布洞中，与水洞口的钟乳悬匾遥相呼应。钟乳悬匾是燕子洞独有的奇观，在洞顶悬垂的钟乳石上，挂有上百块匾额，都是云南红河州当地农民徒手攀登悬崖绝壁挂上去的。每年3月21日的悬匾和8月8日的采燕窝活动，让人惊心动魄。

水洞高50余米，宽30余米，系泸江河4000米暗流的地下通道。洞中钟乳悬垂，千姿百态，蔚为壮观。其中岔洞甚多，总长10余千米。在洞内3千米曲折蜿蜒、高低起伏的游览道上，分布着3组规模宏大的岩溶景观。

整个水洞有大小厅堂数十个，景点数百个，游览面积达4万多平方米。第一景域称为"龙泉探幽"，犹如进入蓬莱仙境世外桃源，又像一叶扁舟划进浩瀚无垠的艺术海洋，其中有拔地而起高达34米的"擎天玉柱"。第二景域称为"天街撷美"，是一条高于河床35米的绝壁长廊，

擎天玉柱

全长 250 米，面积达 2300 平方米。这条长廊被石柱、石幔、石帘、石屏风等隔成十几个厅堂。钟乳石造型奇特，有的如瀑布飞泻，有的像万把钢锥直刺而下。第三景域称为"梦幻世界"，是与水洞相连接的一个独立旱洞，高 40 米，面积达 2 万余平方米，游客可在此休息或品尝独具特色的燕窝稀饭，或观赏云南红河民族歌舞，或可随着轻快的乐曲翩翩起舞。1989 年 1 月，中国和保加利亚洞穴考察队联合考察了燕子洞，保加利亚洞穴联合会主席、著名洞穴专家贝龙博士给予了极高的评价："燕子洞是亚洲最壮观、最大的溶洞群之一。由于它有燕子、巨大的面积和河流，在世界级的溶洞群中也是突出的。"

燕子洞水景之美，为"江波荡漾青罗蒂，岩石虚明碧玉环"；钟乳石之奇为"忽如一夜春风来，千树万树梨花开"，领略了燕子洞的水、石的色彩和神韵后，"寻春那止看群山"呢？

庐山仙人洞（中国）

庐山仙人洞，位于庐山天池山西麓，是一个由砂岩构成的岩石洞，是庐山的著名景点之一。由于大自然的不断风化和山水长期冲刷，慢慢形成天然洞窟，因其形似佛手，故名佛手岩。这里的飞岩可栖身，清泉可以洗心，俯视山外，白云茫茫，江流苍苍，颇有远离尘世的感觉。这里不仅是历来最为游人所喜爱的胜景，而且是道教的福地洞天。

庐山仙人洞

相传唐代名道吕洞宾曾在此洞中修炼，直至成仙。后人为奉祠吕洞宾，将佛手岩更名为仙人洞。每当云雾缭绕之时，骤添了几分仙气。仙人洞进口处，为一圆形石门。门上方正中镌刻"仙人洞"三字。左右刻有对联："仙踪渺黄鹤，人事忆白莲。"入圆门便见一大巨石横卧山中，宛若一只大蟾蜍伸腿欲跃，人称"蟾蜍石"。石上有一株苍松，名石松。石松凌空展开两条绿臂，作拥抱态。其枝枝叶叶，密密层层，蓊蓊郁郁，生机盎然；其根须裸露，却能迎风挺立，千百年不倒，充分显示了庐山松特有的坚强不屈的性格，堪称庐山匡山一奇景。松下石面镌刻有"纵览云飞"四个大字，传为清末民初诗人陈三立所书。顺石径小道逶迤而下，苍翠崖壁间一岩洞豁然中开，洞高达 7 米，深逾 14 米。

庐山仙人洞吕洞宾像

　　仙人洞洞壁冰岩麻皱，横斜错落，清晰地记载着它那漫长的岁月。洞内有一石制殿阁——纯阳殿。殿内立吕纯阳（洞宾）身背宝剑石的雕像。两旁有两副对联："称师亦称祖，是道仍是儒"、"古洞千年灵异，岳阳三醉神仙"。洞穴最深处，有两道泉水沿石而降，滴入天然石窖中，叮咚有声，悦耳动听。这便是《后汉书》上记载的千年不竭的"一滴泉"。石窖外用石板石柱构成护栏。石柱上镌刻"山高水滴千秋不断，石上清泉万古长流"的对联。泉水清澈晶莹，其味甘美。水中含有多种矿物质，比重大，凸出碗口不溢，镍币平置不沉。此处青峰与奇岩竞秀，碧泉与幽洞争妍。绕洞的云雾，时而浓如泼墨，时而淡似青烟，变幻多姿。洞旁苍白色的山岩下，依山临壑建有一栋斗拱彩绘、飞檐凌空的殿阁，名老君殿。殿为歇山式单层建筑，整个建筑显得庄重而又轻巧。

自从朱元璋建立大明政权以后，为了维护自己的统治，说明自己是"天子"，有神助，编撰了很多神话。相传朱元璋称帝后，突患热病濒于死亡，宫内御医束手无策。忽报庐山仙人洞的赤脚僧持天眼尊者和周颠仙人赠送温良药至，朱元璋服后，立即病愈，太祖龙心大悦，让使者到庐山寻找仙人。当使者来到仙人洞小道上寻找时，不见寺庙，只见苍岩巨石上刻的"竹隐寺"三字。使者称奇，回京城复命。朱元璋便下旨在刻处旁建"访仙亭"。亭侧小道也因此称为"仙路"。洞周围的峭崖悬壁上，古刻峥嵘，有"云根"、"佛手岩"、"同舟共济"、"周道复兴"、"贤者乐此"、"仙源无二"、"总览群真"、"常乐我净"等摩崖石刻，琳琅满目，颇堪玩味。这些雄强俊快飘逸宏肆的摩岩石刻为青峰秀峦平增了几分妩媚和情意，并将后人的眼光引向历史的纵深。立足仙人洞，从谷口向远方眺望，一派朴实无饰、恬静秀丽的大自然风光。林云程在《佛手岩分韵》诗中写道："洞杳琼浆冷，秋深林叶纷。霜钟流夜壑，雨刹挂青云"，他诗中写的是草木摇落、白露为霜的深秋季节。在这种季节里置身仙人洞，更宜作飘飘欲仙的神仙梦。

1961 年，毛泽东主席游览庐山时，题诗云："暮色苍茫看劲松，乱云飞渡仍从容。天生一个仙人洞，无限风光在险峰。"这里面提到了仙人洞的美丽风光，使得仙人洞名扬四海，成了来庐山的游客必游并留影之处。

善卷洞山清水秀，风光旖旎，洞景巧夺天工，素有"万古灵迹"、"欲界仙都"之美誉。

善卷洞（中国）

善卷洞与比利时的汉人洞、法国的里昂洞称为世界三大奇洞，也是我国著名的旅游胜地。其山清水秀，风光旖旎，洞景巧夺天工，素有"万古灵迹"、"欲界仙都"之美誉。从古至今，胜景似绣，历代名贤雅士、文人墨客留下了一篇篇千古绝唱。

宜兴善卷洞位于江苏省宜兴城西南 25 千米的螺岩山中。全洞面积 5000 平方米，有上洞、中洞、下洞及水洞。善卷洞因其天然灵秀而美丽诱人，又因善卷景区的深厚文化背景而绚丽夺目。

中洞亦称前洞，在善卷洞的入口处。中洞口有一巨大的钟乳石，高 7 米多，称"砥柱峰"，又称"小须弥山"。中洞是个天然的大石厅，高大，深远，宽敞，壮丽。石厅两边是形似青狮、白象的巨石，故中洞又称"狮象大场"。"狮象大场"四字由丹阳吕凤子题写。岩壁上还镌有"伏虎须弥当洞口，青狮白象拥莲台"联句。

上洞称"云雾大场"，又称"云洞"。上洞景观丰富，有"倒影荷花"、"万古双梅"、"熊猫小居"等景点。"乌龙吐水"、"金鸟独立"景观则是当年海水冲刷的痕迹，为研究善卷洞的形成提供了佐证。上洞的奇妙之处在于"云口"，一巨大岩石阻隔了洞内对流的空气，造成了上洞与中洞的温差，所以上洞的温度常年保持在 23℃ 左右。由于温度和水汽所至，上洞又云雾缭绕，观赏上洞如临天上人间、欲界仙都。

连接中洞与下洞的岩石中通道称之为"盘梯"，为当年人工开凿而成，全长105级。由于下洞水流冲泻声和游人嬉笑声、风声等折射上传，在通道的各层转弯处会听到各种不同的声音。从上至下经"金鼓"、"风雷"、"万马"等门，游人仿佛置身于金鼓齐鸣、风雷交加、万马奔腾的境地。

下洞别有韵味。洞天相接，悬崖飞瀑直泻下洞，森林梯田，珍禽异兽，洞高宽畅，空气清新，一幅大自然的景观，增添了溶洞的秀色和灵气。

善卷洞

水洞即后洞，长约120米，水深4米多。水洞泛舟，"船在水中行，桨在天上撑"，曲折荡漾，天穹压顶，千奇百怪的天然造型，配上彩灯，如游水晶宫、地下长廊、天然博物馆，引你凝思妙想，又心旷神怡。水洞尽头，自然亮光中"豁然开朗"四个大字映入眼帘，游客顿时如朦胧中清醒过来，惊叹不已。

出水洞，周围有丰富淳厚的人文景观和自然景观。有三国时期的"国山碑"、晋代的"祝英台琴剑之冢碑"、唐代的"碧鲜庵碑"；有始建于南齐的千年古刹善卷寺古景观；有先人为纪念唐司空李蠙、宋相李纲、宋大学士李曾伯三人先后在善卷寺求学攻读，后又都为修建善卷

寺、开发善卷洞作过贡献而建的"三生堂";有梁祝墓、李蟺、李曾伯墓和善卷洞重新修缮者储南强先生墓;有名目繁多的观赏植物及国家重点保护植物树种等。据史书记载,民间传说中祝英台出生在善卷洞,梁山伯、祝英台曾生活、读书在善卷。现善卷洞周围仍有英台阁、祝陵村等梁祝故事中"十八相送"的遗址。近几年,当地政府为保护历史文化遗产,恢复了善权寺圆通阁、设立了梁祝文化陈列馆等,增加了善卷洞的看点,丰富了善卷洞的文化。

嵌琴碧鲜庵碑乃唐司空李蟺书。为传梁

剑塚。蝶亭。华藏门。英台阁等遗迹。

书处石刻惜已湮没。尚存碧鲜庵碑。琴

刹。历千余年屡圮屡建。寺后祝英台读

铸成英台殉情之悲剧。善卷寺为江南名

家。方知英台乃红妆。然已许马氏。遂

托言嫁妹。约山伯请媒提亲。山伯自以

家贫。羞涩曼行。遂至愆期。后访至祝

于碧鲜庵。情深意笃。学成临别。英台

台聪慧好学。女扮男装。与梁山伯共读

亦称。祝英台常州义興□□□□大氏。英

兴。历代方志均载英台本女子。幼与梁山

伯共学。後化为蝶。明冯梦龙喻世明言

號碧鲜庵。宋咸淳毗陵志及明清宜

祝英台琴剑之家碑

关于善卷洞的发现,民间流传着许多美丽的传说。相传舜要将天下让善卷治理。善卷答道:"余逍遥于天地之间而心意自得,吾何以天下为哉?"于是善卷就不远万里之遥,来到了江南宜兴这处荒山石洞中隐居,后人为了纪念这位贤人,便把这个洞命名为善卷洞。

九乡溶洞群（中国）

　　距昆明 90 千米的九乡溶洞被称为"云南的九寨沟"。九乡溶洞有上百个洞穴，被世界溶洞专家誉为"世界级溶洞"、"溶洞博物馆"，具有游览观赏、科学考察、洞穴探险、洞穴考古等多种综合性功能和价值。

九乡溶洞

　　清幽迷人的荫翠峡是进入溶洞的第一个美景，属地表风光。峡宽五六米，崖高 40 米，长近 1 千米。两岸分布有形如山水画的层积石。峡区古崖苍苍，浓荫摇曳，中间一道瘦瘦的天空，发出耀眼的光晕。峡谷深处，碧水悠悠，美丽幽静。

　　荫翠峡的流水是麦田河流，流到麦田村旁，一弯腰就钻进洞，成了一条暗河，出口与入口的直线距离是七千米。在该洞落差高达百米。幽邃暗河，两崖陡峭，在这个洞中形成了一条目前国内发现的第一地下大峡谷，峡长700米，最窄处仅三四米。游人从高处来到这里，看不到河，只听到波涛汹涌震耳的涛声，游人无不感到惊心动魄，于是被称为惊魂峡。进入卧龙洞，首先看到的是罕见的地下雌雄双瀑。荫翠峡的麦田河水到了洞顶，被一个顽石分成两半，突然从30多米高处跌落，形成双瀑。跌水似黄龙以雷霆万钧之势倾流洞内，响声如雷，震撼着溶洞，激起千尺浪花，转眼又散作银雨乳雾，喷湿半壁悬崖。在观瀑台，面向瀑布时，看到的是：左瀑稍小，亭亭玉立，如柔情美女；右瀑稍大，也较猛烈，似烈火般的多情男子。两瀑在潭底融为一体，犹如难分难舍的情侣，所以叫雌雄瀑布，让人产生许多联想。

从雌雄瀑布前行近百米，便是奇伟壮丽、充满田园野趣的边石坝盆

雌雄双瀑

景，像层层叠叠的梯田，又叫"神田"。形体较小的称边石盆，形体较大的称边石坝。田中有埂，埂中有水，清水幽幽，在灯光的照射下，水波泛金，十分壮观，被国际洞穴专家誉为世界之最。

走到高于暗河50多米的旱洞就步入了神女宫。这是一座迷宫，钟乳石造型琳琅满目，富丽堂皇。只见石笋林立，参差错落，玲珑剔透，色若碧玉，宛如一群仙女，或依或偎，或歌或舞。龙凤双烛拔地而起，把神女宫照得金碧辉煌，一派玉树琼楼、蓬莱仙境。

白象洞因洞口如巨象，石体纯白而得名。在白象洞，有一穹顶倾斜的椭圆形厅堂，宽阔宏大，长宽跨径都在200米以上，面积达1.5万平方米，为世界上最大的一个地下广场大厅。更为神奇的是顶部由一块天衣无缝的巨石构成。因厅口有一钟乳石石狮昂首雄视，被称为雄狮厅。大厅最大跨度的长宽均可达200米，总面积15000平方米，穹顶倾斜，有巨大的圆形凹陷的涡穴，外有层层同心圆纹，酷似一张巨大的旧式唱片，甚为壮观。

千姿百态的钟乳石还形成"版纳风光"、"古河穿洞"、"彝家寨"等雄奇的景观。

黄龙洞（中国）

　　黄龙洞是张家界武陵源风景名胜中著名的溶洞景点，因享有"世界溶洞奇观"、"世界溶洞全能冠军"、"中国最美旅游溶洞"等顶级荣誉而名震全球。现已探明洞底总面积 10 万平方米；洞体共分四层，洞中有洞、洞中有山、山中有洞、洞中有河。经中外地质专家考察认为：黄龙洞规模之大、内容之全、景色之美，包含了溶洞学的所有内容。黄龙洞以其庞大的立体结构洞穴空间、丰富的溶洞景观、水陆兼备的游览观光线路独步天下。

　　黄龙洞又名黄龙泉，传说清代乾隆年间发生大旱，著名法师何俊儒率人进洞求雨，全部遇难丧生。河俊儒临死前留下一句话"干死当门田，莫打黄龙泉"。从此以后，黄龙洞一直没有人进入其中。直至 1983 年初，当地村民毛金初组织九个民兵，历经千难万险，终于探明了溶洞的真相。1984 年年底正式对外开放。

　　黄龙洞现已探明的洞底总面积 10 万平方米，全长 7.5 千米，垂直高度 140 米。洞体共分四层，整个洞内洞中有洞，洞中有河，石笋、石柱、石钟乳各种洞穴奇观琳琅满目，美不胜收。据专家考证，大约 3.8 亿年前，黄龙洞地区是一片汪洋大海，沉积了可溶性强的石灰岩和白云岩地层，经过漫长年代开始孕育洞穴，直到 6500 万年前地壳抬升，出现了干溶洞，然后经岩溶和水流作用，便形成了今日地下奇观。

　　黄龙洞以立体的洞穴结构，庞大的洞穴空间，宽阔的龙宫厅，高大

黄龙洞

的洞穴瀑布，水陆兼备的游览线等优势构成了国内外颇有特色的游览洞穴，洞内有1库、2河、3潭、4瀑、13大厅、98廊，以及几十座山峰，上千个白玉池和近万根石笋。由石灰质溶液凝结而成的石钟乳、石笋、石柱、石花、石幔、石枝、石管、石珍珠、石珊瑚等遍布其中，无所不奇，无奇不有，仿佛一座神奇的地下"魔宫"。黄龙洞现已开放有龙舞厅、响水河、天仙瀑、天柱街、龙宫等6大游览区，主要景观有定海神针、万年雪松、龙王宝座、火箭升空、花果山、天仙瀑布、海螺吹天、双门迎宾、沧海桑田、黄土高坡等100多个。

黄龙洞洞口雾霭迷漫，洞内长廊蜿蜒，钟乳悬浮，石柱石笋林立，还有石帘、石幔、石花、石琴，琳琅满目，异彩纷呈。"洞外洞"、"楼外楼"、"天外天"、"山外山"，盘根错节。黄龙洞内可分四层，水陆并进，从最低阴河至最高穹顶，垂直高度差有100多米，洞内有1个水库

黄龙洞山水弦音

（黄龙水洞）、2 条阴河（响水河、水晶河）、3 个地下瀑布（黄龙瀑、天水瀑、天地瀑）、4 个水潭、13 个厅（宫）（龙舞宫、水晶宫、迷人宫……）、96 条游廊，长度约达 15 千米，最大的厅堂有 12000 平方米，可容纳万人。

鸡冠洞（中国）

　　鸡冠洞风景区位于河南洛阳栾川县城西3千米的小双堂沟内，属伏牛山系，海拔1021米，山势雄伟，孤峰卓立，植被覆盖密集。它形成于约6亿年前的早中更新纪，发现于唐贞观年间，山青、水秀、石奇、洞幽、四季成游。春天，春花烂漫、十里飘香；盛夏，浓荫蔽日、飞瀑流泉；金秋，红叶满山、层林尽染；隆冬，冰挂银条、松柏凝翠。区内

鸡冠洞

一山，山中一洞，山以形名，洞以山名，故曰"鸡冠洞"。

鸡冠洞洞深 5600 米，上下分五层，落差 138 米。目前已开发洞长 1800 米，观赏面积 23000 平方米，共分八大景区，依次命名为玉柱潭、溢彩殿、叠帏宫、洞天河、聚仙宫、瑶池宫、藏秀阁、石林坊。洞内峰回路转，曲径通幽，景观布局疏密有致，钟乳石、石笋、石柱、石幔、石瀑、石花、石盾、石珠、石琴、莲花池、透明石等景观，形态各异，姿态万千，如弥佛行吟，神态庄严；似百兽觅食，气势狰狞；这边老翁含笑，那厢童子拍手；有桥似层层彩虹横跨，有塔如朵朵灵芝压叠；石林耸秀，石花吐芳；石帷垂挂，看临风欲动；石瀑飞溅，听似轰然有声；天狗寻月、鲤鱼戏水、鳄鱼拜寿、八仙过海、白虎拉玉峰、金龟渡仙翁……天然成趣，目不暇接。更有庞大的石琴，以石击之，可奏出美妙乐曲，袅袅的琴音与洞中地下河的潺潺水声融在一起，给鸡冠洞增添了无穷的魅力。

鸡冠洞景区是我国长江以北罕见的洞穴旅游景区。洞中一年四季恒温 18℃，严冬季节，洞内热浪扑面，暖意融融；盛夏酷暑，洞中寒气侵袭，清神爽心，爽凉宜人——被誉为"自然大空调"。

到溶洞进口，通过长 30 米，高 2.5 米的人工隧

鸡冠洞玉柱潭

道，便进入第一景区玉柱潭，洞顶最高处距地面 49 米，可同时容纳
500 余人。景区内石笋、石柱密布，高低粗细不等，是洞内石笋、石柱
最集中的一个景区，又因其间有一潭清澈的地下池水，所以景区得名
"玉柱潭"。

第二景区溢彩殿是目前发现洞内形成最早的一个洞穴，距今约 6 亿
年，地势开阔，状似峡谷，洞顶悬挂的钟乳石，地面上的石笋星罗棋
布、流光溢彩，故而得名。

第三景区叠帏宫，它得名于洞顶成排成行的石帏幔，是洞内最为精
彩的大厅之一。洞顶悬挂大面积的钟乳石，华丽飘逸，如同舞台的帷
幕，地面上的石笋更是错落有致、姿态各异，仿佛豪华的舞台上正上演
着一出好戏，令人称赞，令人捧腹。

穿过碧玉螺便是第四景区洞天河，长流不息的地下河从石缝中奔涌
而出，不知来源不知去向，水声震人耳膜，景区便以此得名。这条河日
流量达 600 吨，经河南地质研究所取样化验，河水中富含铁、钾、钙、
锌、镁等 20 多种对人体有益的微量元素，是一种优质矿泉水。由第一
段铁梯拾级而上，便能看到左侧洞壁上布满了雪花状的石花，洁白透
亮、晶莹，叫它雪花石。距雪花石 2 米的路右侧是面积约 3 平方米的水
平池，长年不受旱涝影响，水位始终保持适中，不涨不落而得名，是洞
中奇景之一。

第五景区，空间开阔，气势恢弘，景观丰富多彩，光怪陆离，其中
石笋形态各异，如众仙欢聚一堂，故名曰"聚仙宫"。

第六景区，瑶池宫峰回路转，别有洞天。宫殿内不仅"珍藏"着许
多珍稀罕见的景观，极富科研价值，而且景观之多有"移步三景"的
说法。

第七景区藏秀阁是洞内观赏面积较小的一个景区。面积虽小但却
小巧玲珑，景观琳琅满目，令人目不暇接。景区分上下两层，洞顶有
一直径 1.6 米的洞口，从洞口望去，只见洞中石笋、石花密布，景色

莲花池

迷人。

　　第八景区石林坊是目前洞内开发的最后一个景区，景观分散、成因复杂是这个景区的特点。景区内最吸引游客的是由一片片长短不等的钟乳石排列齐整悬挂在洞壁上，形成宽 8 米、长 6.4 米的石帘，犹如石林倒挂。在石帘的正前方有一潭碧水，因水中生长有莲花盆而取名为"莲花池"。

雪玉洞（中国）

　　雪玉洞位于大三峡旅游区的中部，与丰都名山、龙河漂流、南天湖、武隆仙女山同在一条旅游环线上，距长江南岸的丰都新县城仅 12 千米。雪玉洞全长 1644 米，分上下三层，其中包括群英荟萃、天上人间、步步登高、北国风光、琼楼玉宇、前程似锦六大游览区。洞内有重

鹅管

力水和非重力水类沉积物件共计 20 余种，奇特景观多达 100 多处。洞内世界级景观有四处：一是世界上规模最大、数量最多的塔珊瑚花群；二是晶莹剔透、长达 8 米的世界最大的石棋王；三是高达 4 米的地盾，是目前世界所有洞穴中的石盾之王；四是傲雪斗霜、密度居世界之最的鹅管群。

第一，雪玉洞是世界罕见的洁白如雪的溶洞"冰雪世界"。由于雪玉洞是质地极纯的碳酸盐岩，洞穴沉积环境封闭很好，洞顶厚度很大，因而溶解后的碳酸岩溶液杂质极少，因而生成的洞内景观 80% 都"洁白如雪、质纯似玉"，正因为如此，朱学稳教授才亲自将洞名由原来的"水洞子"改称为"雪玉洞"。

第二，雪玉洞是世界罕见的正在快速成长的洞穴"妙龄少女"。据专家考证，距今 8 万年至 5.5 万年间，雪玉洞才开始发育于龙河边上；距今 1 万年以内，洞内环境才改变为有利于次生化学物的生成和发育，其他洞穴，钟乳石景观一般是几万年到几十万年前生成的，质地老化，色泽暗淡。而在雪玉洞，除极少数有四、五万年历史外，那些浩如烟海、色泽如玉、千姿百态、美不胜收的沉积物景观，都是在 3300 年至 1 万年之间生成的。这些洞穴景观酷似一群花季少女，正处在快速成长时期。洞穴沉积物景观的生长速度，一般是 100 年 1 毫米左右，而雪玉洞既达到 100 年 33 毫米，生长速度是一般洞穴的 33 倍。

第三，雪玉洞是一座世界罕见的"汉白玉雕塑博物馆"。洞内沉积物生成的景观，种类齐全、规模宏大、分布密集、形态精美，令人难以置信。这里有大量鬼斧神工的鹅管、妩媚动人的钟乳石、昂首待哺的石笋、精美绝伦的石柱、薄透如纸的石旗、迎风招展的石带、气势恢弘的石幕、凌空高悬的石幔、从天而泻的石瀑布、繁星灿烂的流石坝、不可思议的石毛发、千姿百态的卷曲石，还有洞壁溶蚀后形成的众多妙趣横生的鸟兽鱼虫，还有那堪称世界第一的石盾和塔珊瑚花群等等，真的是"白玉雕琢玲珑界，冰雪起舞桃花源"！雪玉洞除了三个"世界罕见"以

塔珊瑚花群

外，水和气也是一绝。洞中的水，特别清澈，特别纯净，特别甜美，特别富有诗情画意。据测定，洞内空气中二氧化碳含量很高，常年温度16℃～17℃，具有医学疗养价值。据专家介绍，洞内空气中的负离子对某些疾病，如重感冒、鼻窦炎、哮喘病有一定的疗效。

据考证，雪玉洞绝大部分沉积物景观是距今 1 万年至 3300 年之间生成，系世界溶洞家族中最年轻的成员，而且还在以 100 年 33 毫米的速度快速生长。鉴于雪玉洞特殊的科学考察价值，其已被中国洞穴协会授予"中国地质学会洞穴研究雪玉洞观测研究站暨洞穴科普基地"称号，成为国内首个洞穴科普基地。

望天洞（中国）

望天洞位于本溪市桓仁满族自治县境内，洞内景观迷人，奇、特、险俱全，有石林、城墙、雪莲、冰川、喷泉、瀑布、暗河等，世界罕见。

该洞发育于 20 万年前，洞总长 7000 余米，洞内最大的厅 6000 余平方米，可容纳万人。全洞有 4 大景区 100 余景点。洞内的迷宫更为奇特，被称为"北国第一洞，迷宫世无双"。此洞两个洞口并列，中间一道两抱多粗的石梁。右侧洞口石壁上一只展翅昂首的大鸟，面向东方，形象逼真，名曰"鲲鹏朝阳"。两个洞口酷似一副巨大的眼镜放在山巅。沿左侧洞口石壁扶铁栏踏石阶经"通天桥"，下行 30 余米，便是该洞的第一大厅——"聚仙厅"，宽阔高大，可容纳千人。回首仰望，两道光柱直射厅中，使人有怀抱红日、

望天洞

·走进世界著名岩洞·

目接青天之感。若在春冬季节或雨、雪之后，厅内云雾缭绕，从洞口向上升腾，云雾与洞口绿树交相辉映，更是妙不可言。

洞内拥有十几个大厅，厅高一般可达20～30米，其中发现一个最大洞厅方圆可达6000平方米。洞内有最奇特的迷宫。此迷宫分为上中下3层，怪石林立，到处是洞口，游人不可随意穿洞。它的范围较大，初步探测约有10000平方米左右。关于它究竟有多少个洞口至今无人知晓，因为没有人敢走完这个迷宫。

洞内钟乳丛生，晶莹剔透，现出百种风情。"华清池"底平而洁白，水绿而温柔，一柱钟乳静静立于旁边，好似为洗浴的少女警卫。"垂帘听政"则充盈着皇家气派，密密的钟乳如同一层层金帘，一尊"老佛爷"端坐其间沉思冥想。"景泰蓝"灵珑小巧，上为黄下为蓝，天生地长使钟乳颜色截然不同，而蓝色钟乳又形似花瓶。当人们看到"珍珠壁"时，又被它的大势壮观而镇服。所见之处，钟乳千姿百态，如峰如颠、如塔如佛、如花如瀑、如林如笋而各具神奇。

在洞中，道路曲折忽上忽下。最狭窄之处，只能容一人通过，胖者不显挤，瘦者不显宽。在"迷宫"，道路多条环环相套皆都类似，令人顿生乐趣。迷宫分上、中、下三层，洞中有洞，洞洞相通，门中有门，门门可行，总长度1100多米，为世所罕见。入其内，行来走去，难分难辨，妙趣横生。

传说晋朝咸和年间的一天，白娘子同妹妹青儿一同游览西湖美景，不料天降大雨，幸好许仙借伞给白娘子，两人一见钟情。后因法海和尚破坏，白娘子被镇在西湖边的雷峰塔下。青儿逃脱后寻一仙地进行修炼，功成后救出姐姐。这段故事被世人传颂至今。话说青儿逃脱后，四处飘游，欲意寻求一栖身之地，准备好修炼功力，待时机成熟再战法海营救姐姐。青儿历尽艰辛万苦，寻遍大江南北山山水水，也没寻到理想的栖身之地，心也渐渐地冷了下来。偶有一天，她在空中闲游，突然发现一山，隐隐约约见山中有一洞。但见那山霞光异彩，峭壁奇峰，麒麟

望天洞雷峰塔

独卧，凤翔鹿鸣。峰头锦鸡常起舞，深洞时有龙腾跃。瑶草奇花时时秀，苍松翠柏处处青。一条银河烟波内，绿水野雁丹鹤飞。青儿停在空中观赏多时，思忖良久，觉得一定是个好去处，便飞下云头，来到洞口观看。只见两个洞口就像一双大眼睛直望蓝天。洞内紫气蒸腾，霞光万道，片片烟霞，祥云缭绕，翠藓挂壁，钟乳似玉，鲜花四时不谢，瑞草万载常青。洞内深处是洞中有洞，洞洞相连，大洞套小

洞，迷宫连环，四周是玲珑玉石垂挂。下有潺潺流水，上有乳窟莲花，左右柳枝常带雨，中间莲上是菩萨。从此，青儿便住在这洞内，刻苦修炼功力，深居简出，不分昼夜。白天吸太阳之精华，夜晚收星月之灵光。息时倍思姐姐，便透过洞口仰望天空，一十八载日日如此，岁岁如新，被当地人们传为佳话。望天洞因此而得名。

青儿功成圆满，回杭州大败法海，推倒雷峰塔，救出姐姐白娘子，家人团聚。从此杭州西湖便名扬天下。而青儿栖身修炼之境地却鲜为人知。殊不知，此仙境就是辽宁省桓仁满族自治县境内的望天洞。民间传诵着这样一首歌谣：望天洞府洞望天，晋朝咸和住过仙。若问此仙是哪个，青蛇修炼十八年。还有一首诗是这样写的：望天洞府洞天望，藏龙青山青龙藏。古今传颂传今古，光赏请君请赏光。

蟠龙洞（中国）

　　蟠龙洞位于云浮市区城北的狮子山中，因其洞体迂回曲折，形若蛟龙，故得名。

　　蟠龙洞属喀斯特溶岩，经历亿万年漫长岁月逐渐形成。洞内游程528米，分三层，上层天堂通天洞，下层龙泉地下河，中层九龙长廊，

蟠龙洞中的宝石花

层层相连，曲折迷人。洞内钟乳千姿百态，石笋石柱如林，处处有景，景景皆奇。有"神龟朝圣"、"龙母浴池""天书神笔"、"玉壁雄关"等58景，真是惟妙惟肖，栩栩如生，引人入胜。

蟠龙洞中的落水洞直落21米深处，是龙泉地下河，景点"群龙布阵"屈伸如龙，一年四季，龙泉滴水不断，泉水甘冽。其下的地下河，长560米，河宽8～10米，高10～30米不等，它是一间歇泉供给河水，来水时，水浪滚翻，哇哇作响，冲刷河滩，过一会儿又静静回流石洞。

蟠龙洞的特殊景观有三处：其一为石花洞，是世界三大石花洞之一。洞内石花剔透玲珑，晶莹如玉，它附着于岩壁之上，不按重力方向生长，而向四面节节开花，见气成石，变幻无穷。其二是我国南方典型的大熊猫—剑齿象动物群"古动物化石区"，最为珍贵的是"智人"古人类化石。其三是蟠龙洞尚未开发的龙泉地下河，河中有泉眼，每隔10分钟左右，泉眼波浪翻滚，似海潮汹涌，冲刷河岸，随后又似退潮，静静地回流石洞，经专家确认为地下间歇泉，是一罕见洞府奇观。

"玉罗伞帐"，又是蟠龙洞内另一个世界级洞穴奇观。其状如宫廷豪华伞帐，白里透黄，石褶线条美轮美奂，纯属自然形成，其成因至今仍是一个谜，具有很高的科研考古价值。

继续前行，步步妙景。钟乳石形成的"火烧葡萄架"含珠点翠；石壁上被浸蚀成的"仙人炕"形体逼真；巨石横贯的"仙人桥"奇特惊险，世间罕见。

再向里进，可见钟乳石形成的"江猪探海"、"水帘瀑布"以及多年冲刷而成的"姜池"、"藕池"，池内形似鲜姜的钟乳石如霞似锦，"莲藕"如雪似玉。"玉龙腾空"尤惹人注目：在高达20米的洞壁上，有一块钟乳石，宛若玉龙，通体覆盖着银光闪烁的"龙鳞"，妙不可言；龙头垂下，嘴里喷珠吐玉，人称"龙滴水"，滴在下面"莲花盆"里，四时不涸。"鹞子翻身"是洞内向下延伸的地方，此处游人不能正面行进，必须翻过身子，双手攀石倒行；路旁有深不见底的石罅。走过险境，是一段空阔平坦的地带，这儿路面干燥，清风习习。

再向里前进，便是"倒爬四十步"，虽然路程难走，却另有一番意境。

洞长千米，深谙幽邃。里面有高达 30 米的螺顶，有深不见底的石罅，宽阔空旷处都能容千人，窄处不能 2 人并行。在洞内跺脚砸壁会发出"嗡嗡"回音，给人一种神秘莫测的感觉。

1987 年，有关部门曾经把蟠龙洞作为中国南方洞穴的代表参加国际洞穴年会，并在会上作了交流，题目是《云浮县蟠龙洞洞

玉罗伞帐

穴地貌研究》，并展出了蟠龙洞的彩色照片、幻灯片，录像片、画报和文字资料。特别是蟠龙洞的宝石花，以其剔透的造型，绚丽的色彩，独特的风格，罕见的奇观，博得了世界洞穴专家的高度赞誉。

张家界九天洞（中国）

亚洲第一大洞——九天洞，因有九个天窗与地面相通而得名。洞分上中下三层，总面积250万平方米。洞内堆珍叠玉、千姿百态，造型奇特的石笋，石幔，石钟乳层层遍布，是世所罕见的地下瑰宝。

九天洞坐落在张家界市区以西、武陵源以北的桑植县西南17千米的利福塔乡水洞村境内，距市区70千米。

九天洞于1987年被探险勇士王海然发现，1988年正式对游人开放，被列为省级风景名胜区，同年，经国际溶洞组织专家考察论证，认

张家界九天洞

·**走进世界著名岩洞**·

为九天洞规模庞大，景观独特，还有一批溶洞群没有开发，适合开展探险考察，因而正式接纳九天洞作为国际溶洞组织成员单位，同时确定九天洞为国际溶洞探险基地，九天洞从此进入国际溶洞世界，身价倍增。经考察，发现洞内有古树化石和其他溶洞极少见的岩溶物质，不仅是难得的自然景观，而且有极高的科研价值。洞口南侧2.5千米处，有集自然风光和浓郁民族风情于一体的峰峦溪天然森林公园与之相依相衬；洞口东南向2千米处，澧水像条银色飘带，蜿蜒流过。

九天洞内空气清新，冬暖夏凉。整个洞穴分上中下三层，有五层不同高度的螺旋式观景台，最下层低于地表面400多米。经初步探测洞内有40个大厅、3条阴河、12条瀑布、5座自生桥、6处千丘田、3个自然湖。洞中石笋、石柱林立，石帘、石幔遍布，堆珍叠玉、千姿百态。九天洞被誉为中国溶洞奇葩。

九天洞幽得出奇，无论是潺潺流水，还是弯弯曲径，无论是寂寂山风，还时静静石柱，都能让人有返璞归真之感。

京东大溶洞（中国）

　　京东大溶洞坐落在北京市平谷区黑豆峪村东侧，西距北京城区 90 千米，因其为京东地区首次发现，故名京东大溶洞。京东大溶洞距今大约 15 亿年开始发育，由此号称"天下第一古洞"。

　　京东大溶洞内全长 2500 余米，其中有 100 米水路，共分为八景区：蓬莱仙境、江南春雨、水帘洞等；包括数十处景观：圣火神灯、西风卷帘、鲲鹏傲雪等。京东大溶洞内最壮观的是世界上首次发现、洞壁上具

京东大溶洞

有雕刻特色的"龙绘天书"。新开放的休闲洞，洞内四季恒温，冬暖夏凉，可供游客饮茶、品酒、修身养性。

走进京东大溶洞，盛夏恍如秋天，秋冬又觉丝丝温暖。畅游其间，神秘清幽，奇观绝景连绵不断，配以五彩灯光，晶莹剔透，绚丽多姿。游人还会看到"神指擎天"的景观，那巍然耸立、冲天而起的条条玉柱直抵洞顶，颇有如来佛祖动怒乍指苍天的气势。

峤山白云洞（中国）

邢台峤山白云洞位于邢台市临城县境内，南距邢台市 56 千米，北距石家庄市 86 千米。沿京广铁路、京深高速公路和 107 国道，乘车去峤山白云洞旅游十分便利。

峤山白云洞形成于 5 亿年前的中寒武纪。它是我国北方一处难得的岩溶洞穴景观，现已初步探明并开发开放了五个洞厅，游线全长 4000

峤峒白云山

米，最大洞厅约 2170 平方米，主要景点 200 多处。在已探明开放的五
个洞厅中，洞洞连环，厅厅套接，依据其氛围景象之不同，人们将五个
洞厅依次命名为"人间"、"天堂"、"地府"、"龙宫"、"迷乐"。第一洞
厅"人间"宽敞宏大，有山有水，一片人间和平景象；第二洞厅"天
堂"垂帘悬幕，富丽堂皇，犹如天堂；第三洞厅"地府"怪石林立，阴
森恐怖，颇似想象中的地府；第四洞厅"龙宫"树枝珠串、水潭密布，
很像龙宫。洞内岩溶造型齐全，景观密集，风景形态瑰丽多彩；第五洞
厅"迷乐"怪石嶙峋，曲折迂回，别有洞天。五个洞厅景观各异，各有
特色。整个封闭空间都充满了琳琅满目、色彩斑斓的石钟乳、石笋、石
幔、石帘、石瀑布、石帘花等碳酸盐造型，其中网状卷曲的"节外生
枝"、"线型石管"，形态奇丽的牛肺状"彩色石幔"、石帘，晶莹如珠的
石葡萄、石珍珠等，在国内其他溶洞中是极其罕见的。洞内的拟人物拟
景物多达 109 处。景观的体量大小不一，大体量的有石柱、石幕、石瀑
布、石平台等。最大的石柱周长达 4.3 米，顶天立地，蔚为壮观。最大
的石幕宽达 8 米，而最小的景观石针，直径仅有几毫米。还有造型奇
特、形象逼真、惟妙惟肖的鹦鹉石、雄狮等。整个溶洞景观给人以形态
美、线条美、空间美等多种艺术享受，堪称岩溶造型"博物馆"。

　　崂山白云洞的景观与众不同之处，在于它是近期才被开发出来，保
持着洞穴固有的特点和原始面貌，因而它不仅具有旅游价值，而且也富
有科学研究意义。从洞穴游览的景观价值来看，具有下列几个特点：

　　1. 保存着原始本底特征。该洞呈封闭状态，形成环境尚保持原始
面貌，同时当地政府采取了封洞保护措施，把人为的影响和破坏降低到
最小程度。因而洞内碳酸钙堆积物至今仍在发育中，颜色鲜艳，光泽明
亮，同时洞内温度较恒定，相对湿度接近 100%，整体景观未遭风化和
严重破坏。

　　2. 资源丰富，类型多样。洞内沉淀物有钟乳石、石笋、石柱、石
帷幕、石瀑、石平台、石蛋、石花、石水母等，对其中 11 处体量较大、

彩色石幔

形态多变的，已根据其似人拟物的特点而命名。这些景物的颜色以洁白为主，伴有浅黄、棕色、土黄、石绿等多种色彩，且呈现牛奶、玻璃、陶瓷、面粉等多种光泽。它们有的挂于洞顶，有的立于洞床，有的托于洞壁，有的生在水中，变化多端，类型多样。

3. 造型奇特。洞内景观造型以中、小型为主，特别是以小巧玲珑的微型景观最为奇特。如长在水池边的朵朵白莲，爬在洞床上的条条白龙，成片成堆的石葡萄、石珍珠、石珊瑚，弯弯曲曲的卷曲石，一排一排的石栅栏、石竹，横向发育的"节外生枝"和弓形发展的"委曲求全"的网状卷曲石，长1米的笔直的、透明的鹅营，以及朝上、向下细如毛发的尖细石针，等等。这些沉淀物，在其他开放的洞穴中是少见的。

4. 景物分布集中，组合意境优美。洞内景物呈"大分散、小集中"

的特点，分布于大、小洞厅中，而且有一定规律性，可以组合成多处集中观赏和游览小区。如70平方米的"小西湖"，岸线曲折多变，岸上是林立的太湖石，水中有孤立的小石塔，颇有苏州园林和杭州西子湖韵味，使人观后，回味不已。加上洞壁的种种沉淀和侵蚀形态，构成"白云流水"、"水天一色"等，整个景物就形成一幅动态的画面，给人"林园在流动，缥缈幻景中"的错觉和美感。再如"瑶池"两朵洁白如玉的莲花，浮于绿色水面，周围不同层次上分布有"九龙洞"、"通天柱"、"芙蓉冠"、"绛纱衣"、"炼丹炉"、"灵霄宝殿"、"水晶花"、"玉簪宝瓶"、"天女散花"等景组和景物，形象逼真，惟妙惟肖。

总之，临城崆山白云洞具有"奇特"、"玲珑"、"集中"、"原始"的特征，因而具有较高的艺术观赏价值，给人以形态美、色彩美、光泽美、音响美、旋律美和空间意境美等多种艺术享受。洞内景物千姿百态，又有一定空间，形成了一个具有旅游价值的洞穴。以此洞为主体，将附近分散的景点有机地联为一体，可以建成一个完整的风景名胜区。白云洞还具有很高的科学研究和普及洞穴知识的意义，因为其喀斯特形态的造型、丰度、密度、变化度和奇特度等在我国北方具有代表性和典型性，同时该洞正处于发育时期，对地质学、喀斯特学、地貌学、洞穴学和古地理学等均有较高的科研价值，也是科普教育的最佳场所。

其规模之恢弘，气势之壮观，独具特色，国内罕见，令人叹为观止，堪称中华一绝。

花山谜窟（中国）

在黄山脚下屯溪东郊的新安江畔有一片高不过一两百米的小山，春天里杜鹃花遍布，秋天里紫薇花盛开，因此被人称为花山。但也有人说，那遍布于花山的奇峰秀石，从空中俯视极像一朵朵盛开不败的莲花常年绽放在新安江畔，因此花山也因奇石天成、状如莲萼而得名。花山虽也风景秀丽，许是黄山的名气太大了，在黄山的光环遮阴下，花山着实是显得微不足道，以至于千百年来世人只知皖南有黄山而不闻花山之名。

据说在 20 世纪中期，花山里发生过两件奇怪的事情。第一件是说有位采药的农夫一天上山采药时不慎跌入一个极其隐秘的洞穴之内，此洞穴深不可测又奇大无比。第二件是说当地有位农民不小心把鸭子赶进了一个山洞，洞口杂草丛生，野藤交错，又因淤泥封积，人难以进入，可是被赶进洞内的鸭子后来却神奇地在花山脚下的新安江里出现了。从此，花山有迷窟便在当地民间开始流传。一直到了上个世纪末，这花山的迷窟才真正地被相继发现，最后被人们探明就在那沿新安江仅长 5 千米的连绵山峰中竟有 36 窟之多。据说这些石窟当时被发现时，有的石窟洞口被淤泥堵塞，草木葳蕤，植被与山体浑然一体，毫无石窟痕迹；有的石窟洞口虽暴露，但洞内终年积水，幽深莫测，令人望而生畏。当地人虽然知道这山中有石窟，但怎么也不会想到这小小的花山中竟有这么多壮观奇特的石窟群，更没有想到这石窟中还隐藏着那么多难解的千古之谜。

目前石窟群中可供参观的只有二号窟和三十五号窟。二号窟内的温度宜人，较之外面十度左右的气温，明显感觉到和暖。二号窟也被称作地下长廊，是一座狭长的洞窟。二号窟中有两个看点，即在石壁上天然形成的秋色图和窟顶的大斜面。秋色图中整个画面布满黄棕色的秋叶，山林、高峰、民居为黑色。其中民居还可明显看出徽派建筑的风格，前面有一条白色的小溪穿过，毫无疑问，这便是山脚下的新安江了。大斜面是在清淤完毕后被发现的。最先工人们挖到此处时认为已到了石窟的尽头，但随着淤泥的清除，却发现石壁呈斜面状向前延伸，又可看到另一个洞口。斜面的坡度约为 45 度，宽 15 米，长 30 米，与外面的山坡坡度一致。斜面的石壁上可看到一行行细密的直线型凿痕，线条笔直且连贯，给人的整体感觉很是压抑。这个大斜面的出现提出了一个新的谜团：在科学技术相对落后的古代，匠人们是如何准确判断出斜面的坡度并使之与山体走势吻合呢？三十五号窟是中国现存的最大的古代人工石窟，有地下宫殿、清凉宫之称。石窟深 170 米，最高处 18 米，面积约 1.2 万平方米。内部有 26 根石柱呈品字形排列，起到支撑作用，可见古代的工匠们已深谙三点固定一平面的几何原理。窟内有许多石房、石床、石桥、石楼、石槽、石塘点缀其间。特别值得一提的是洞口处的通海桥，桥下是一潭清澈见底的泉水，水声哗哗作响，很可能在此存在活的水源。朔流而下，就到了洞内最低的地方，其顶上的石壁精雕细刻的花纹清晰可见。虽然这里已经位于新安江水面以下 2 米，上下落差有 25 米，但是洞内的通风状况良好，所以人在洞底并没有任何不适的感觉。另外，洞窟的怪异构造使得声波被石壁吸收，因而无论多么大声地喧哗，在洞内都听不到一丝回音。石窟的魅力正是应在了一连串的"谜"上。

它们是如何建成的？为什么要建造这些石窟？挖出的数以百万方石料去了何处？当年是如何开采和运输的？石窟内有少量开采好的石块，

花山谜窟

为什么没有被运出去？洞内有多处厚10厘米的石壁为什么不凿开而听任其挡在石厅中间？洞内石柱上的方形和圆形盲孔是做什么用途的？如此庞大规模的石窟群，为什么至今没有见到史籍上的记载？专家们为此做出种种推测和分析，但仍是未能找到统一的确定答案。据考证，石窟群距今至少有1700年的历史。关于它的来历和作用，目前共有十五种说法，分别为：石窟屯兵说，徽商屯盐说，史前文明说，山丘说，采石场说，皇陵说，道家福地说，功能转化说，花石纲说，方腊洞说，临安造殿说，徽州府、渔梁坝说，杀人坞说，巨型石文化建筑说。其中占主流的说法主要有两种：一种认为这里曾做屯兵时的驻地和武器库之用。《新安志》上记载："东汉时期，孙权为削平黟、歙等地，派威武中郎将贺齐屯兵于溪水之上，后改新安江上游水域为'屯溪'。"这既解释了"屯溪"地名的由来，也为石窟群提供了一种答案。这种说法可由窟内遗留的矛、斧和大量未使用过的石块，以及某些岩壁上留有烟熏的痕迹等为佐证。另一种说法则认为石窟是徽商为储盐而建。古代的徽州地理位置封闭，通往外界的捷径只有新安江。因而这里成为物资集散地，徽州盐商们便在此开凿石窟建成盐库。这种说法可以很好地解释石窟群中的石窟规模不同、样式各异的原因，因为它们分属于不同的盐商所有。花山谜窟留给后世的是无尽的遐思，它激起了人们猎奇的心理，使慕名而来的学者、游人络绎不绝。如果有朝一日这些谜团被一一阐释，那么谜窟还会像现在一样充满诱惑吗？

与举世闻名的敦煌石窟相比，花山谜窟洞内没有壁画，没有佛像，也没有文字，更无任何史料记载，就是在当地的民间传说中也难寻其踪影。但花山石窟点多面广，形态殊异，"规模之恢弘、气势之壮观、分布之密集、特色之鲜明，国内罕见，堪称中华一绝"，被誉为"北纬30

花山谜窟内部一隅

度神秘线上的第九大奇观"。

石窟具有丰富独特的历史研究及观赏价值，35号石窟宏伟雄浑，2号石窟曲回通幽，二十四柱洞奇幻神秘，姐妹胭脂洞色彩明丽……花山石窟群这一令现代人为之震惊的人类石文化遗产，被誉为一座古徽州石文化历史博物院。这一"谜"可谓是千古之谜，而这"窟"又可称得上是惊世骇俗的古建筑工程奇观。

更让今人不可思议的是，花山有石窟36个，而在其东侧延长线的歙县烟村方圆4平方千米的200多座小山包中也发现了类似的石窟36处。

不论谜窟之谜到底何时得解，但古人在开掘中对环境的保护应为今人所牢记。不占用土地，不破坏山坡山形，不毁坏山坡植被，无论是采石还是建造居所等，窟外的树照绿，花照开，环花山的古村落的村民世世代代依然安居乐业。假如当年开掘者不注意环境保护的话，今天的花山恐怕早已是废墟一片，更不用说国人来参观旅游，并引以为傲了。

下龙湾洞群（越南）

　　下龙湾位于越南北部广宁省鸿基市附近东京湾西北部海岸。面积1500平方千米，包含约3000个岩石岛屿和土岛，典型的形式为伸出海面的锯齿状石灰岩柱，还有一些洞穴和洞窟。

　　木头洞最具特色，有"岩洞奇观"之称，位于万景岛海拔189米最

天宫洞

高峰的半腰，洞口不大，洞内广阔，分为三层，外洞可容数千人，洞壁上的钟乳石，形成各种动物形象，活灵活现，令人称奇。

中门洞是下龙湾又一个著名的山洞，也分为形状、规模各不相同的三间。外洞像一间高大宽敞的大厅，可以容纳数千人。洞底平坦，洞口与海面相接。涨潮时，小游艇可以一直开进洞中。外洞口周围长满了榕树、竹子、石松等草木。从外洞通中洞的拱形洞口，只能容一人通过。旁边立着一块酷似大象的灰白色的大石头，像卫士守卫着洞门。中洞长8米，宽5米，高4米，似一个精美的艺术馆。再通过一个螺口形的洞口，就进入了长方形的内洞，长约60米，宽约20米，四周钟乳石错落有致，很自然地形成许多小洞及生动的雕像造型。

天宫洞是下龙湾不可错过的美景之一。这是一处典型的喀斯特溶洞风貌。步入洞中，千奇百怪的钟乳石，让人不由浮想联翩。既有唐僧打坐诵经、孙悟空的金箍棒，也有天女神龙的缠绵爱情，钟乳石造型栩栩如生。在开发和保护天宫洞景观的工作中还有中国桂林专家的辛劳。他们帮助当地有关部门在溶洞里安装了各种彩色照明线路，让天宫洞里的美景如梦如幻在您眼前展现开来。

革命岩洞（老挝）

　　位于老挝和越南的边境地带有一座神秘的"地下城市"——万寨。20 世纪六七十年代，曾经有超过 2.3 万老挝革命者在美军的狂轰滥炸下坚持战斗。战争结束后，老挝人民革命党将这里视作革命圣地，但只对内部开放。如今，老挝政府发展旅游事业，对外开放了岩洞。

　　万寨的石灰岩地貌形成了无数个天然岩洞。革命者将其中 486 个岩洞利用起来，组成了一片"老挝革命岩洞"。老挝的革命者依靠天然的地貌，对岩洞进行了扩建和改造，把一个个岩洞变成了会议室、医院、学校、商店、剧场等，成了老挝解放区的政治、经济、军事和文化中心。

　　当时的老挝革命领导人于 1964 年在这些山洞里建立了基地，并将指挥中心迁于此地。整个地道系统还包括密封的紧急情况室。如果美军战机投掷毒气弹的话，洞里的每个人都得赶紧进入紧急情况室，戴上苏联提供的防毒面具，同时启动能过滤空气的制氧机。不过，因为美军没有朝这里投过毒气弹，所以这个紧急情况室从来没有使用过。

　　华潘是通向越南的天然关口，许多国际援助物资通过这里，源源不断地输送到越南，这里由此成为"胡志明小道"的组成部分，因此成了美军攻击的主要目标，经常受到美军轰炸，解放区的工作不得不"钻入"地下，在地下进行。万寨的天然岩洞就成了最好的避难所。

　　这些景观令人震撼，美国人帕米拉斯维尼说："神奇的是，人们竟然可以真的居住在那里，还能开会，制订他们的计划，并且在洞穴里成立了一个政府。"

在这些林林总总的洞穴中，最大的是一个名为"大象"的山洞，是一个最深处达300米的自然岩洞，最多可以容纳2000人。这里曾经是一个剧院，很多来自本地或者外国的表演家会在这里进行音乐剧或者舞蹈演出，经常上演的是社会主义兄弟国家的电影和戏剧，其中来自中国的表演最受欢迎。在一刻不停的轰炸中，哪怕是短暂的娱乐，也能给这里的

革命岩洞的外观

人们带来无尽的欢乐，从而鼓舞士气。同时这里也会举办一些集会和会议活动。

岩洞医院不在开放的岩洞之列，得到游客中心专门申请，获准后才能参观。岩洞医院有着厚厚的大铁门，里面漆黑一片。手电的光亮，可以看到洞内的地面有废弃的针管、药瓶，有些凌乱。当年，这里有120多名医护人员。1973年，老挝各方签署了恢复和平的协议，这所医院在地面上修建了病房，继续发挥作用。1975年，老挝革命胜利，成立了老挝人民民主共和国。直到1976年，这所战地岩洞医院才正式关门，结束了历史使命。

窑洞

对一些当地人来说，这些被称为"隐蔽的城市"的洞穴，也是非常神秘的事物。"我会带我的亲戚去那里，我们对能看到山洞感到很兴奋。也能了解到战争期间我们的领导人所经历的困难。"一名山洞附近地区的老挝居民说。

虽然与越南的"古芝地道"、泰国的"马共地道"比起来，这里的知名度还不算高，交通等基础设施也不发达。但与其他景点相比，这里的神秘感是最强的，因为这里进行的是一场不宣而战的战争。不论是轰炸者美国还是援助老挝的其他国家，当时都对自己的行动秘而不宣。因此，不少背包客来这里寻找原汁原味的"历史痕迹"。

莫鲁山国家公园岩洞（马来西亚）

莫鲁山国家公园是马来西亚6大国家公园之一，位于沙捞越州北部的婆罗洲第四省和第五省，靠近文莱边境，面积约5.3公顷，和梅搭拉穆保护林相接。

莫鲁山国家公园举世无双的热带岩洞、独特的喀斯特现象和生态系统保存完好，几乎没有遭到破坏，对于湿热带地区生态系统的进化进程的基础研究很有帮助。从生态学、地质学的角度讲，莫鲁山国家公园具有很高的研究价值。

莫鲁山国家公园现已探明的洞穴至少有298千米长，在各个洞中发现了大量的生物，包括数以百万只的燕子和蝙蝠。沙捞越洞穴，长600米，宽415米，高80米，是世界上已知的最大的岩洞穴。

鹿洞的规模也很大。之所以称它为鹿洞是因为洞口下压得很坚实的地面上有不少鹿的脚印。该洞宽174米，高120米，能装伦敦5个圣保罗大教堂还绰绰有余。

洞穴中野生动物种类繁多。蝙蝠飞来飞去，其粪便的臭味弥漫在整个洞中。捕食的蜘蛛很多，触须46厘米长的蟋蟀成为它的猎物。洞中还有数以千计多毛的蠼螋、无眼的白蟹、金丝燕以及2.5米长的黑白条纹相间的蛇。

尼阿洞穴 （马来西亚）

　　尼阿洞穴为东南亚旧石器时代晚期至金属时代初期的洞穴遗址群。位于马来西亚沙捞越西北部，北距南海约 24 千米。1954 年开始，在此发现了 200 个以上有人类活动遗迹的洞穴，1957～1976 年沙捞越博物馆的考古学家 T. 哈里森等人进行了多次发掘。

　　堆积最丰富的洞穴名叫"大洞"。其主要洞口朝西，宽 183 米，高约 91 米。前部为生活区，面积约 580 平方米。后部为墓葬区，面积约

尼阿岩洞

464 平方米。生活区有厚达 1.83 米的食物垃圾堆积，其中包括海贝、淡水螺和熊、犀牛、野牛、髯猪、鹿等动物骨骼。亦有石器、骨器和陶器。大致而言，在距今 3 万年以前，主要是形状不规则且未经第二次加工的石片和单面打制而成的砾石砍砸器。公元前 1 万年以后，出现了刃部磨光的砾石石斧及经第二次加工的石片。公元前 4000 年左右进入新石器时代，出现通体磨光的石斧。公元前 2500 年左右出现方角石斧和陶器，陶器的种类有罐、瓮、盘等，纹饰以刻画纹、压印纹、绳纹为主，有的刻画后施彩。公元前 250 年以后，出现小件红铜及青铜制品、铁制品、中国陶器、玻璃珠等。

洞中共发现墓葬 166 座。葬法因时代不同而变化。属于中石器时代者有侧身屈肢葬和蹲坐葬，少数有石斧、骨锥或兽牙随葬。属于新石器时代者有合葬和火葬。属于新石器时代晚期至金属时代者有仰身直肢葬和烧骨葬，葬具有木棺和竹盒等，随葬品有石、骨工具或陶器，较晚时期亦有以青铜刀随葬的。

另一重要地点名叫"画洞"，发现有早期金属时代的船棺葬，据放射性碳素断代，年代为距今 2300 年左右。洞的后壁有赭石绘的粗糙壁画，内容为丧船、舞人等殡葬仪式活动。

黑风洞（马来西亚）

　　黑风洞是印度教的朝拜圣地，位于吉隆坡北郊 11 千米处，是一个石灰岩溶洞群，处在丛林掩映的半山腰，从山下循 272 级陡峭台阶而上即可到达，也有缆车直抵洞口。

　　相传黑风洞的来由颇有意思，由于当时科技水平落后，人们对自然

黑风洞

的现象难于解释时，往往就是说鬼神在作怪。黑风洞山高路险，住在附近的居民在清晨和傍晚总是看到一股股的黑烟在飘进飘出，便以为是鬼神"早出晚归"，后来人们在山下建造了一个印度教的神殿借此来镇住鬼神。燕子黑风洞便由此得名。

黑风洞是在100多年前被发现的，该处石灰岩面积2.55平方千米，洞穴不下20处，以黑洞和光洞最为有名。黑洞阴森透凉，小径陡峭，曲折蜿蜒，长达2千米多，栖息着成千上万的蝙蝠、白蛇和蟒蛇等150多种动物。光洞紧邻黑洞，高50米～60米，宽70米～80米，阳光从洞顶孔穴射入，扑朔迷离。光洞附近一个洞穴中有1891年建的印度教庙宇，供奉着苏巴玛廉神，还有成百的彩绘神像。山下有洞窟艺术博物馆，展示包括神像壁画在内的印度神话文物。登上山顶，可远眺橡胶园和锡矿山。

黑风洞与槟城的穆尔干寺同为马来西亚的印度教圣地，每年阴历1～2月间的大宝森节期间，虔诚的印度教徒用钢针穿过皮肤，面颊和舌头上用小刀、小叉刺穿，背负神像，唱着宗教圣歌游行步入石洞参拜，为期3天，朝圣者可达30万人。平时到黑风洞的游人也络绎不绝。

霹雳洞（马来西亚）

　　霹雳洞于1926年由张仙如居士与夫人开创。张仙如原籍中国广东省蕉岭县，壮岁南来，献身于佛教事业，开辟洞天，深得社会人士之信任支持历50春秋，完成慧业。张居士于1980年辞世，由其哲嗣青年诗人兼书法家张英杰居士继任主持，张韵山画家为司理，继承遗志，将霹雳洞发扬光大。

霹雳洞中的画像

　　霹雳洞前楼阁堂皇壮观，依山势建立，洞外有石笋墨林、花园、荷池、凉亭，风景清幽，全山之天然景观及建设，分为八景，蔚为大观。洞中深260多米，宽100多米，高约34米，天然冷气弥漫全洞。其间石径回环，高低不一，怪石嶙峋，形状如龙，如凤，如狮，如象，美不胜收。洞中佛像 40 多尊，最引人注目者乃高度 14 米之释尊坐像。其次乃高度 12 米之弥勒佛坐像，其余佛像皆高达 5 米～7 米，雕塑精美，栩栩如生，令人肃然起敬。

海内外名家题壁书画及楹联，约 200 幅之多，皆出自名家手笔。壁画方面，有国画大师张大千所绘二丈高之"普贤坐象图"，尚有国画家李奇茂、钟正山、叶醉白、陶寿伯、陈六林、钟正川、薛慧山、马白水、林耀、陈伟烈、容漱石、周世聪、赵松筠、刘春草、郑浩千、张韵山、黄明宗、苑润兰、田曼诗、沈雁、孙以仁、李香君、张恒、冯壁池、顾媚、汤琼音、张耐冬、黄乃群、侯一新等作画相赠。

题词及撰联方面计有：于右任，胡适，梁寒操，叶公超，钱思亮，钱复，余俊贤，刁作谦，谷凤翔，易君左，王世昭，赵少昂，朱玖莹，白圣，竺摩，洗尘，星云，刘侯武，丁治磐，黄新壁，陈其铨，阮毅成，黄君壁，万一鹏，文叠山，杨森，刘太希，张道藩，陈荆鸿，萧遥天，黄老奋，萧劲华，刘宗烈，刘艺心，彭鸿，黄崇禧，郑一峰，张白翎，郭汤盛，王光国，廖祯祥，金膺显，陈光师，孙少卿，涂思宗，张英傑等。综观以上，名家宝墨众多，因而霹雳洞成为最具有中华文化价值的佛教圣地，故有南岛敦煌之誉。

洞内盘旋曲折之石梯穿越后山，山上建立三圣殿、环翠亭与步云亭，四处悬崖峭壁，山谷幽深，风景绝佳，远山云树，四面环绕。置身其中，当有超然物外之趣。

万丈窟（韩国）

　　万丈窟是汉拿山喷发时，深藏在地底下的熔岩从火山口喷涌而出，流向地表后所形成的洞，被韩国政府指定为自然保护区。万丈窟有熔岩石笋、熔岩管状隧道等典型熔岩洞所具有的各种形态。

　　万丈窟长 13422 米，其中向游客开放的是约 1 千米长的洞区，里面

万丈窟

有石柱。在石窟之内，几乎是要摸黑前进的，因为只有这样才能保持岩石的天然性，因此洞内的气温要比洞外的温度偏低。洞内一年四季保持11℃～21℃的温度，令人感到十分舒适、爽快。所以在石窟里游走要绝对小心翼翼，只有这样才可以——细赏岩洞内千变万化的构造。这里还栖息着蝙蝠等生物，具有很高的学术价值。万丈窟内的石柱和钟乳石蔚为壮观，并向同一方向双重、三重发展，呈现出熔岩洞的地形特点。其中石龟的形状颇似济州岛，经常引得游客们仔细端详。

古薮洞窟（韩国）

　　古薮洞窟位于韩国丹阳郡内，是被指定为天然纪念物的石灰岩洞窟。洞窟长1300米，因规模大景色美而闻名。说其洞窟的名字还有一段来历呢。当时这里生长着一种叫"姑"（古的谐音）的植物，非常茂密（即"薮"），因此人们就把这里称为"古薮"洞窟。在洞窟的

古薮洞窟

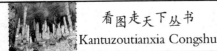

入口曾发现过古代的打制石器，因此这里被认为是先史时代人类的居住地。

洞窟内的温度常年保持在摄氏15度，是冬暖夏凉的好地方。洞内生活着大约25种生物。此外还有动物形状的狮子岩、章鱼岩、秃鹫岩等和人形的圣母玛丽亚像岩等。120多个形状各异的钟乳石及石笋也具有很高的学术研究价值。洞窟内较黑，在洞里行走要把着铁链，因此冬天去的游客最好戴手套。

日本三大钟乳洞（日本）

龙河洞

龙河洞是 1 亿 7500 万年前形成的天然钟乳石洞，位于海拔 322 米的三宝山中。龙河洞与本州山口县的秋芳洞、岩手县的龙泉洞并列为日本三大钟乳石洞，也是高知县一级观光景点。在这里可以欣赏青蓝色的地底湖、石柱钟乳石洞等神秘的美景，也有祖先遗留、现在已经被钟乳石化的人造土器。洞内居住着蝙蝠等洞穴性动物。洞内以西本洞、中央洞、东本洞为主要洞穴，另外还有 24 个复杂的支洞相连，总长度约为 4 千米，在三宝山的地下形成了一个巨大的黑暗迷宫，目前仅开放了 1 千米作为观光景点。

传说日本第 83 代天皇土御门上皇因为承九之乱（1221 年）回到现在的香美郡的香我美町。当他听到传闻而进入钟乳石洞时，突然出现了一条小蛇带领着土御门上皇进洞。土御门上皇赏赐了小蛇剑和玉，又命令原权七郎祭拜小蛇。小蛇被当作守护入洞人安全的神灵，龙河洞这个名称便是取于当时土御门上皇乘坐的龙驾。

洞内钟乳石数量多得惊人，有的长 10 千米，有的直径 4 米，有的很像圣母玛丽亚、佛祖，有的像 1000 片板子一层层贴上去的钟乳石千枚岩，另外还有被称为龙飞瀑布、音无瀑布的石瀑。其中高 11 米的天降石是龙河洞内最大的钟乳石，也是大自然创造的奇迹之一。

龙河洞内有人类居住过的遗迹，这在全世界也是很少见的。日本弥生时期（前5世纪～3世纪）曾经有人在洞内居住，因此洞内有用过火的痕迹，同时也留下了被称为龙河洞式的瓷、壶等土器，用骨头制作的装饰品、狩猎用具、捕鱼工具以及作为箭头使用的铁质用具。除了这些生活用品，在其他地方还发现了鸟类等动物的骨头及贝壳。

秋芳洞

洞内最能感受到大自然神秘的是神之壶。神之壶是2000年前居住在洞中的人类遗留在洞中的生活用品，是一种长颈壶形的土器。由于石灰地形的作用，土器的1/3已经被埋入钟乳石中，是世界考古学珍贵的资料，也是龙河洞一级文物。洞中还有用岩石做成的专门存放生活用品的柜子。神之壶便是被放置在这个柜子之上。

人们为了实验能不能重现神之壶的形成过程，1937年特意在千枚岩下面放置了另外的一个壶。至今已经过了70多年了，壶的下面已经开始黏着。再过两三百年就又可以重新创造出另外一个神之壶了。

龙河洞附近设有龙河洞博物馆及珍稀鸟类中心。龙河洞博物馆展示了龙河洞形成过程的历史，洞内动物的生态研究也展示了龙河洞出土的各种土器及石器。

龙泉洞

龙泉洞位于岩手县中部、宇灵罗山的山麓。该洞是一座石灰岩洞，已被指定为国家级天然纪念物。洞内的长度仅已知的部分就达 2500 多米。从里面涌出的丰沛的清水形成了洞内的地下河，还有几个很深的地底湖。经考察已确认龙泉洞中有"蝙蝠洞"、龟岩支洞等许多支洞，洞内生息着 5 种蝙蝠，都已被指定为国家级天然纪念物。从入口处到约 700 米处的第 3 个地底湖之间，有一段已对外开放。地底湖的透明度在世界上也不多见，其中第 3 个地底湖深达 98 米，被灯光点缀的湖面闪烁着绿宝石般的光辉，飘忽着一种神秘的美感。

秋芳洞

秋吉台是属于秋吉台国定公园的日本最大的喀斯特地形的高原，与秋芳洞一同被指定为天然纪念物。

秋芳洞在秋吉台的地下约 100 米的地方，为东洋第一大钟乳洞。这个巨大的钟乳洞，是石灰岩被地下水慢慢地溶化后，经过 30 万年的岁月逐步形成的，目前已确认的全长就达 10 千米。其中有约 1 千米已开发为观光景点对外开放，在里面可以观赏到青天井、百枚皿等许多奇观。洞内气温常年保持在 17℃ 左右，即使夏天也需要穿长袖。

韦泽尔峡谷洞穴群（法国）

　　韦泽尔峡谷洞穴群位于法国西南部。1979 年，联合国教科文组织将其作为人类文化遗产，列入《世界遗产名录》。韦泽尔岩洞群被公认为迄今发现的最重要的史前人类文化遗址之一，洞内的岩画是现存的最精彩的旧石器时代的艺术作品。

　　韦泽尔峡谷洞穴中的壁画不管从美学、民族学还是人类学的角度来看，都有着极高的研究价值，特别是 1940 年发现的拉斯科洞岩壁画，它刻画的打猎场面中包括了约 100 种动物形象，描绘细致，色彩丰富，栩栩如生。洞穴的历史可以追溯到大约 1 万年前，这些历史悠久、有人类居住的洞穴群无疑是研究古代文化艺术、人造用具、古化石的最佳场所。同时韦泽尔峡谷洞穴群也是发现可鲁马努人（旧时代时期在欧洲的高加索人种）的地点。

　　韦泽尔河发源于法国的科雷兹省，向西南进入多尔多涅省后汇入多尔多涅河。就洞穴岩画而言，上苍对这一地区似乎特别恩赐，在其下游 40 千米长、30 千米宽的峡谷地带的崖壁上，分布着数百座岩洞，它们在很久以前由地下河流冲刷而成。这些由大自然鬼使神差造化的岩洞，曾是原始人的住所，保存着众多的原始人类的遗迹。

　　考古发现，在韦泽尔峡谷 100 多座岩洞中，有古代石器、动物化石、岩面浮雕和图画，以及大量人类生活的遗迹遗物，如燧石、篝火的余烬等。根据岩洞中的有机物测定，这些遗迹遗物的时代在距今 1 万到

韦泽尔峡谷洞穴的壁画

2.5 万年之间，属旧石器时代最晚的马格德林文化时期，地质年代是晚更新世之末。当现代人发现这些岩洞时，洞穴内有些地方随着岩石的侵蚀已逐渐形成地层，犹如一本层层叠叠的无字天书，任由今天的考古学家去阅读。

在韦泽尔峡谷 100 多座岩洞中，有 25 个岩洞的岩面上有浮雕、刻画图画或彩色绘画，其中最为精美的，当属拉斯科、封德高姆、卡普布朗和孔巴海尔这 4 个地点的岩洞。

拉斯科洞窟位于法国西南部佩里戈尔地区的蒙蒂尼亚克城，带有美丽壁画。在该城区周围有很多的史前遗址。因为这些遗迹均位于石灰岩悬崖上，所以早在很久以前这些古代的供人类居住的石洞及带有绘画的洞窟便被遗弃了。

拉斯科洞窟崖壁画是保存最好的、绘画最生动的，1940年由法国当地4个少年偶然发现。当时洞口只有80多厘米宽，半掩在枯枝败叶之中。令所有人震惊的是，这里竟然有600幅绘画和接近1500件石刻作品，它们不但保存状况良好，而且有些壁画非常清晰。

虽然已发现了洞内的壁画，但想要发掘拉斯科洞窟绝非易事。数千年以来，从岩洞中逐渐脱落的岩石堆，已将洞口堵塞。形成于冰川时代的拉斯科洞窟，其洞穴内的石灰岩已成了方解石，使岩石的表面覆有一层难融性的黏土层，它们对洞穴内的岩画起到了保护的作用。但对发掘洞穴的人来说，把原来仅有80多厘米宽的洞口拓宽到几米，其难度可想而知。

经过多年的发掘，现在人们已知拉斯科洞窟包括前洞、后洞、边洞三个部分。前洞像一个"大厅"，约30米长，10米宽，前洞还附有18米长向后延伸的走廊与后洞相连。它的西边旁侧另有一条狭长的走廊，与边洞联结，边洞的底部保存着一口7米深的井。

前洞壁画主要是几头大公牛的形象，它们是覆盖在其他的形象之上的，在它的下面叠压着红色的牛、熊、鹿等。这样相互叠压的现象在拉斯科洞窟大量存在着，仅就前洞和与它相连的通道的岩画中即可辨认出叠压达14层之多。但是要根据这种覆盖的层次来进行断代是有困难的。拉斯科前洞壁画中有一幅长5米的野牛，堪称是史前艺术辉煌的杰作。这头野牛线条简练，整体塑造得强健有力，特别是那生动逼真的头部，虽然只用单色涂绘，却能完美地表现出体积感来。这么逼真的动感效果，令人叹为观止，难怪有的学者把它称为"跳跃的牛"。这头"跳跃的牛"是拉斯科洞窟最为精彩和最富力度的形象之一。

从洞口往里望去，窟顶就像一条长长的画廊。走过方形大洞，里面为圆形大洞，之后，洞窟隧道般的狭长，向两边分叉开去。崖壁画上的动物形象有的大，有的很小，密密麻麻，重重叠叠，数量之多，令人目不暇接。在3个洞内大体能区分出50多个幅面，100多只动物。画面

跳跃的牛

大多是粗线条的轮廓画剪影，在黑线轮廓内用红、黑、褐色渲染出动物身体的体积和重量。画面令人流连忘返：一幅是一头受伤的牛低头将一个男猎人顶倒在地；另一幅是几只驯鹿列队顺序行进；在后洞口内左侧不远处画有 6 匹类似中国画样式的马，有两把长矛正刺向其中的一匹。这些动物是当时人们狩猎时搏斗的敌手，也是人们赖以生存的食物来源。当时的绘画者对所画的动物十分熟悉，观察细致入微，下笔轮廓准确、神态逼真，再配上相应的颜色，便显出跃动的生命活力和群体奔腾的气势。

前洞、后洞与走廊上，都有岩画或绘或刻，或绘刻兼施。有些看来是单纯的线刻，也曾涂绘过，由于经历年代久远致使色彩褪了。留存于前洞墙面以及延伸出的走廊壁面上的岩画都保存得很好，不仅形象清晰，而且色泽艳丽浓重。

在封德高姆的岩洞中，彩色绘画的年代较早，约在两万年以前。画中有许多披毛犀牛，犀牛身体为赭石色，能分出明暗，背部和腹部有十

几条倾斜的弧形线条，不仅显示出身上的长毛，也显示出宽大的躯体。所画的其他动物也用了透视法，形象生动，充满生活气息。那时的欧洲气候比较寒冷，野生动物较多，有成群的驯鹿、野牛和犀牛等多种兽类，居住在这里的尚塞拉德人就以猎取这些野兽为生。

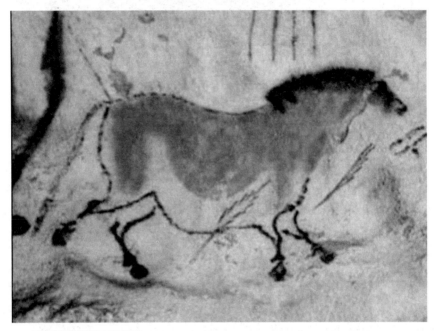
封德高姆岩洞犀牛画

韦泽尔峡谷岩洞的发现，对于史前的研究具有划时代的意义。韦泽尔峡谷洞群的发现在于，它不仅证明了石器时代洞穴岩画的真实性，而且也为考古学家对欧洲史前时代的划分、对研究史前人类生活提供了宝贵的依据。有关专家据此得以重新确定史前人类生产、生活和艺术的演变情况。

丹漠洞（爱尔兰）

爱尔兰的基尔肯尼郡是一个风光旖旎的地方，也是爱尔兰最重要的旅游城市之一。每年都有数十万计的游客来到基尔肯尼，他们必定参观的地方是丹漠洞遗址。

丹漠洞被称为爱尔兰最黑暗的地方，因为这个洞穴记录了一次惨无人道的大屠杀。公元 928 年，挪威海盗来到爱尔兰，对基尔肯尼附近

丹漠洞洞口

一带进行洗劫。当时居住在丹漠洞附近的居民为了逃命，在海盗袭来的前几个小时集体躲到洞中。丹漠洞是一个巨大的溶洞，洞里地形复杂，有连串的小洞穴一一相连，避难的人认为这是绝佳的藏身之地。他们幻想海盗抢完能抢的东西后就会离开。然而丹漠洞的入口太过明显，海盗很快发现了洞中藏人的秘密，一场血腥的大屠杀开始了。海盗进入洞里，把所有发现的人都杀死，估计有1000多人，然后守在洞口半个月，没有当场被杀死的人后来都因感染而死或者饿死了。

在之后将近1000年的时间里，丹漠洞成了爱尔兰的"地狱入口"，再没有一个人敢进入洞中。直到1940年，一群考古学家对丹漠洞进行考察，仅仅在一个小洞穴里就发现44具骸骨，多半是妇女和老人的，甚至还有未出世的胎儿的骨骼。骸骨证实了丹漠洞曾经的悲剧，1973年这里被定为爱尔兰国家博物馆，每年迎接无数游客前来纪念那些惨遭屠杀的人。

然而，丹漠洞的故事到这里还没有结束。1999年，一个导游的偶然发现证实，这里不仅是黑暗历史的纪念馆，沉默的洞穴中还隐藏了永恒的宝藏。

1999年冬天，一个导游准备打扫卫生，因为寒冷冬季是旅游淡季，丹漠洞将关闭一段时间。他准备仔细清理游客留下的垃圾，所以去了很多平时根本不会去的洞穴。在一个离主路很远的小洞里，导游突然看到一块绿色的"纸片"粘在洞壁上，他以为那是一张废纸。走上前去，赫然发现那根本不是什么纸片，而是什么东西从洞壁的狭缝中发出闪闪绿光。导游用手指往外抠，结果抠出一个镶嵌着绿宝石的银镯子！

诚实的导游马上将发现报告政府，在接下来的3个月里，爱尔兰国家博物馆的工作人员从那个狭缝中挖出了几千枚古钱币，一些银条、金条和首饰，另外还有几百枚银制纽扣。这些东西应该是当时躲藏的人随身携带的。也许为了让财物更安全，他们把值钱的东西集中然后藏在一个隐蔽小洞里，甚至把衣服上的银纽扣都解了下来。海盗之所以屠杀所有的人，也许和没能发现这些财宝有关。由于在潮湿的洞里呆了1000多年，挖出来的东西都失去了金属原有的夺目光彩。国家博物馆的几十个专家工作了几个月才让它们重现光彩。

丹漠洞遗址宝藏是爱尔兰最重要的宝藏，被收藏在国家博物馆，一直没有完全对外展示过。虽然宝物数量不是最多，但其历史价值和考古价值远远超过其本身价值。考古人员说，有一些工艺品和纽扣的样式十分古怪，在所

丹漠洞发现的宝藏

有和海盗有关的文物中都是独一无二的。在丹漠洞中被杀害的人现在可以安息了，他们为之丧命的财宝现在成了爱尔兰的国宝，将永远聆听世人的惊叹和赞美。

阿尔塔米拉洞穴（西班牙）

　　阿尔塔米拉洞穴遗址位于西班牙北部桑坦德西面约 30 千米的地方，是西班牙的史前艺术遗迹，洞内壁画举世闻名。1875 年，一个名叫索特乌拉的工程师到这里收集化石，发现了许多动物的骨骼和燧石工具，但并没有发现其中的壁画。时隔 4 年后，索特乌拉再次来到这里，并把

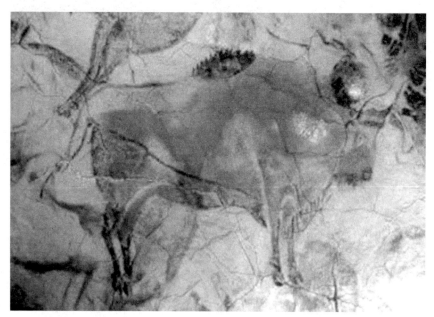

阿尔塔米拉洞穴

他4岁的小女孩玛丽娅带在身边。据说玛丽娅因对父亲的工作不感兴趣而独自爬进了一个小洞口，因为洞内黑暗，她点亮了一支蜡烛。这时候，她突然看见一头公牛，眼睛直瞪瞪地望着她，顿时把她吓得大哭起来。索特乌拉爬进去看时，只见洞壁上面的公牛和其他动物栩栩如生，不禁惊讶异常。于是，闻名世界的阿尔塔米拉洞穴壁画就这样被发现了。

阿尔塔米拉洞穴是一个很大的洞穴，其长度大约300多米，索特乌拉所发现的壁画是绘制在洞穴的顶部，壁画12多米长，6米多宽，上面绘有各种动物的形象，整个画面线条活泼、色彩鲜艳，而且布局合理、疏密有致。所画的动物有奔跑的，有长嘶怒吼的，有受了伤半躺着的。这些动物形象逼真，呼之欲出。

据考证，这是公元前3万年至公元前1万年左右的旧石器时代晚期的古人绘画遗迹。壁画颜料取于矿物质、炭灰、动物血和土壤，再拷合动物油脂而成，色彩至今仍鲜艳夺目。壁画线条清晰，多以写实、粗犷和重彩的手法，刻画原始人熟悉的动物形象，组成一幅幅富有表现力和有浮雕感的独立画面，神态逼真，栩栩如生，达到了史前艺术高峰，具有很高的历史和艺术价值。

现代考古成果表明，凡是人类曾居住过的洞穴遗址绝大部分都有原始壁画的痕迹。然而，我们从现在世界各地的洞穴遗址看，原始人类的艺术成就是十分低下的，既幼稚又朴拙，大多是线条呆板，比例不当。

即使在几千年前的洞穴壁画中，其绘画水平同样是十分低劣的。而阿尔塔米拉洞穴壁画造型准确，线条生动流畅，所绘画的各种动物栩栩如生，十分逼真，使人难以相信是3万年前的作品。难怪在考古新方法测定之前，西方学术界认为是近人伪作。年代虽然确定，但问题并未解决，3万年前居住在阿尔塔拉洞穴的原始居民怎么能够创造出如此惊人的艺术成就？这个谜底尚未揭开。

1936年，德国法西斯空军对西班牙北部狂轰滥炸，西班牙为保护山洞，宁可在洞外遭敌机袭击，也不进入山洞，使山洞免遭浩劫。西班牙文化部门有严格规定：参观者每天不超过15人，每人在洞内只能停留15分钟。现在，阿尔塔米拉洞窟已成为艺术博物馆，除洞窟壁画之外，还有考古陈列馆，展出出土文物，包括各种动植物化石和石器、青铜器、陶器和铁器。

圣彼得堡洞窟（荷兰）

　　马斯垂克的确是一个令人惊讶的城市，因为它拥有非常丰富的历史积淀，而这些历史积淀也在其众多的景点中体现出来，圣彼得堡洞窟便是其中之一。

　　圣彼得堡洞窟位于圣彼得山，是荷兰著名的景点之一。洞窟实际上是一个庞杂的隧道系统，里面还有很多雕刻品、彩绘壁画、古生物化石等，甚至还隐藏着 V2 火箭基地。

　　圣彼得堡洞窟的形成是人类造成的。当时，马斯垂克居民为了获取到石块作为建筑材料，便对圣彼得山进行挖掘，结果便形成了如今这独一无二的特殊景观。在第二次世界大战期间，圣彼得堡洞穴还曾被作为

圣彼得堡洞窟

走进世界著名岩洞·

当地市民躲避炮火的防空洞，当时林布兰著名的画作《夜巡》（Night Watch）在战争期间都曾被藏匿于此。

圣彼得堡洞窟拥有超过 2 万条通道和隐藏隧道，可以说是一个庞大的迷宫。所以请一位当地的导游引导参观洞窟是十分必要的，因为隧道内岔路众多，如果没有专业人士引导，必定是一去不复返。

圣彼得洞窟中很多艺术品来自于山顶上修道院中的修道士。他们通过制作《圣经》上描述的场景来表达对上帝的感激。

本篇简介	这个位于意大利中部石灰岩山林中的美丽溶洞，拥有
Benpian **B**jianjie	世界上最令人难忘的钟乳石和石笋。

弗拉萨斯溶洞群（意大利）

这些位于意大利中部石灰岩山林中的美丽溶洞，拥有世界上最令人难忘的钟乳石和石笋。

1971年，当一支来自安科纳的洞穴学家考察队在挖掘亚平宁山脉石灰岩山丘时，有了惊人的发现。弗拉萨斯峡谷的巨大溶洞系统一直是洞穴学家和旅游者钟爱之处，但这群幸运的人们偶然发现了弗拉萨斯溶洞中最精彩的一个：大风洞，这不仅是一个巨大的洞穴，而且连接着周围近13千米的隧洞和通道。它有几个巨大的洞穴，每一个洞穴都大得足以安置一个教堂，而许多小的洞穴，也各有其独特的神韵。其中令人印象最深刻的洞穴是蜡烛宫，其穹顶上垂下成千乳酪般的、雪花膏似的、白色的钟乳石。另一个精彩的洞穴是无极宫，那里的钟乳石和石笋长得相当长，以致其中许多已成为雄伟的柱子。柱子的复杂结构使人联想起哥特式建筑中精美的雕刻结构，而且该洞中支撑着穹顶的柱子给人以势不可挡之感。

弗拉萨斯溶洞系统洋溢着美感：从一个溶洞逶迤至另一个溶洞，展露出一系列令人难以置信的地质构造，从由矿物沉积而成的一碰即碎的帷幕，它是如此之薄以致光线可以透过，到巨大厚实的光塔，看上去像一巨龙的牙齿。在许多溶洞中，滴水中含有除碳酸钙外的矿物质，形成从柔和的蓝绿系列到浅淡的粉红色的景观，真是一个令人目不暇接的彩色世界。

另一尤为壮观的特征是蝙蝠洞，成千上万的这类夜间活动的小哺乳动物或倒悬在溶洞穹顶上，或安详地来回飞翔。黄昏时分，溶洞入口处乱成一团，成千上万只蝙蝠离开其白天的休息地，在黑夜中捕捉飞蛾和其他昆虫。

弗拉萨斯溶洞群位于一流的喀斯特地区，那里大量的石灰岩沉积受到埃西诺河及其支流森蒂托河的侵蚀，形成深切至亚宁山脉山麓的峡谷。两河的流水侵蚀弗拉萨斯溶洞系统的一些洞穴，几千年来不断地刻蚀和溶解隧洞中那些岩石最脆弱的地方。

弗拉萨斯溶洞群

奇异冰洞 （奥地利）

奇异冰洞位于奥地利境内屋脊山的河北面，以巧夺天工的奇异冰洞景观而闻名，是奥地利旅游景点之一。

冰洞洞口在山的北面背阴处，洞口朴实无华，洞内寒气逼人。入口处矗立着一头洁白无瑕的大冰象，双蹄提起，两耳竖立，似向来客致意问好。冰象身后的洞壁光滑晶莹，在柔和的灯光照射下，熠熠发光。沿着木质阶梯而下，通过曲径，是一个宽敞大厅，厅壁冰面呈鳞片状，洁白光滑，似玉石细雕。过了大厅是一座大冰柱。冰柱高约 20 米，晶莹剔透，像一座雄伟壮观的教堂建筑。当地人把它称为巴帝瓦尔教堂。巴帝瓦尔是一

奇异冰洞

个传奇式的骑士，他杀富济贫，见义勇为，深受人们尊敬，为了纪念他，就以他的名字命名冰柱。

穿过一些曲折回廊，是千姿百态的冰块、冰柱、冰山，其形状各异，有的似张牙舞爪的雄狮，有的似笑容可掬的袋鼠、热情友好的企鹅和展翅开屏的孔雀。最后一处是一个白雪皑皑的滑雪场地。那里景色奇幻异常，意境深远，一些驰骋在洞内雪道上的人们，身姿矫健，令人目不暇接。屋脊山顶峰终年积雪，到了夏天，一部分融化了的雪水沿着山的纵横裂缝向下渗透，雪水浸到山洞，由于洞内温度低，形成冰洞奇观。

米拉德埃雷山溶洞（葡萄牙）

米拉德埃雷山位于葡萄牙中部地区，距首都里斯本 120 多千米，是重要的旅游区。

米拉德埃雷山绿树覆盖，流水潺潺，十分秀美。在山间还保存着年代久远的古城堡和风格独特的大教堂，在深深的密林中，还有神秘的"法蒂玛"圣母玛丽亚"显圣地"。然而使米拉德埃雷山闻名遐迩的却是

米拉德埃雷山

山中发达的溶洞，游客可观赏到地下溶洞的奇丽景观。

该溶洞全长 4000 米，深 110 米，是葡萄牙最大的石灰岩洞。洞中千姿百态的钟乳石和石笋，在灯光的映衬下，更加生动迷人，如临仙境。这座石灰岩洞所展现给人们的美妙景观是大自然经过亿万年的艰辛塑造而成。含有化学成分碳酸钙的地下水，从洞顶下滴，水分慢慢蒸发，二氧化碳逸出，碳酸钙渐渐沉积下来，形成了千奇百怪的钟乳石和石笋，构成了一幅绝妙的人间"仙境"。

1953 年，一群探山人发现了洞顶的一个缺口，他们沿洞口下行，才真正发现了藏于山腹中的地下溶洞。现在进入溶洞不远，就可见到当年探山者首次发现的洞口，就在溶洞顶部，是一深约 42 米的垂直溶洞。

沿人造水泥台阶再前行 10 米远，就是溶洞的第一厅。此厅呈拱圆形，高约 30 米，四壁凹凸不平，似刀砍斧削，极显自然之雕琢。

人造台阶所铺之路在洞里迂回曲折，盘旋而上，精心构筑，亦成一景。台阶两旁的岩缝中灯光闪闪，光怪陆离。据说溶洞之中装有 3000 多只七彩灯泡，巧妙地装点了各处的景致。另外各处还设有 100 多个立体音箱，柔和优美的旋律回荡在溶洞之中，声音清越，空洞悦耳，更添几分身临其境的感觉。

过了此厅，沿扶梯而

米拉德埃雷山溶洞

下，可见"红厅"和"珠宝厅"。红厅中用紫、红等彩灯装点，四周的钟乳石映出紫红或浅红色灯光，景象万千。珠宝厅中的钟乳石形如珍珠、宝石垂挂，再加彩灯映照，更是晶莹剔透，光彩夺目，让人眼花缭乱。

再往前行，又是一垂直岩洞直通溶洞之顶，形如屋顶。过了此厅，垂直下行，就进入一长达数百米的蛇形曲径。此处的钟乳石仍是风格奇特、怪石嶙峋。有的阡陌纵横，有的如一巨大的风琴，有的像恋人般相依相伴。最引人注目的是一块形似中国清朝瓜皮帽的钟乳石，游人风趣地称之为"中国帽"。

再往前行，有一涓涓细流轻泻而下，注入一条大湖。湖是由地下泉水汇积而成的深潭，全长140米。湖中遍布彩灯，交相辉映，电动水栓随着悠扬的音乐不停喷射，朵朵水花开在湖面上。湖中水浅处可见有鱼儿嬉戏，游人可岸边观鱼，即景拍照，也可以泛舟湖上，尽享美景。

怀托摩萤火虫洞（新西兰）

怀托摩萤火虫洞，也称萤火虫洞、怀托摩洞，位于新西兰的怀卡托的怀托摩溶洞地区，因其地下溶洞现象而闻名。地面下石灰岩层构成了一系列庞大的溶洞系统，由各式的钟乳石和石笋以及萤火虫来点缀装饰。坐在竹筏上穿过漆黑的洞穴来欣赏怀托摩地下溶洞是非常迷人的。可以独自坐在竹筏上随地下河漂流，也可以在导游的带领下一路漂流。此地还有其他的一些活动，包括骑马、四轮自行车和喷射快艇等。

很多人都有过捉萤火虫的经历，在黑夜里追逐许久，才把小小的萤火虫放进瓶子里，隔着玻璃看它一闪一闪发出微光……让萤火虫像星星一样挂在天上，是不少人儿时的梦想。在怀托摩萤火虫洞里，这种梦想竟能成真：成千

奇妙的萤火虫洞

上万的萤火虫在岩洞内熠熠生辉，灿若繁星，有人把这种自然奇观称为"世界第九大奇迹"。

1887年，一位当地毛利族族长塔·帝努老及一位英国测量师法兰德首次进入萤火虫洞，他们用亚麻秆做成竹筏，用蜡烛照明，沿小溪向洞底进发。当眼睛适应了黑暗的环境后，他们惊奇地发现，有无数闪亮的光点映在水面上，经仔细观察，原来洞壁上爬满了成千上万的萤火虫，那些奇异的光点就是它们散发的光亮。经过多次探险后，他们终于摸清，这个奇异的钟乳石洞共有三层，顶层有出口直通洞外。他们大喜过望，旋即向地方政府报告了这一重大发现，经当地政府审定，于1888年向游人开放。当年他们探险时的进口，做了出口；当年的出口，成了入口。距发现此洞百年后的1989年，新西兰当局终于把这个洞的所有权归还给了毛利人。

沿着洞中石阶而下登上河边的小船，你渐渐就会进入伸手不见五指的黑暗中。导游会用手拉着绳索推动小船前进，只有轻轻的水声。不远，你就会发现前面的水面有光影摇动，其实你自己已处在一片"星空"之下，头顶似乎有条浅绿的光之河在流动。绿色的光点如满天繁星，闪闪烁烁。密集处层层叠叠，稀疏处微光点点。远远望去，仿佛观赏星罗棋布的万家灯火。"群星"倒映在水面上，如万珠映镜，美不胜收。

怀托摩萤火虫洞3千万年前是在深海底下的。后来，萤火虫洞经过无数次的地质变化，如地壳变动及火山活动等，许多坚硬的石灰岩受到扭曲变形并且被带到海平面上，尔后经过雨水侵蚀，形成许多的岩缝。

雨水与空气中带着微酸的二氧化碳，日积月累地侵蚀，使得岩缝逐渐扩大成为钟乳石及石笋，就是今天我们看到的萤火虫洞岩洞景色。经过推算，大约100年的时间可以形成3立方厘米的钟乳石，不过也会因着地形结构、植物机能、石灰岩深度、内外环境气候以及洞穴形成的年数，影响钟乳石形成的速度。两个并排的钟乳石会因为不同的水流途径，而

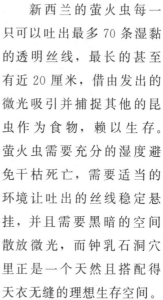

萤火虫的天堂

各有不同的形成速度。

新西兰的萤火虫每一只可以吐出最多 70 条湿黏的透明丝线，最长的甚至有近 20 厘米，借由发出的微光吸引并捕捉其他的昆虫作为食物，赖以生存。萤火虫需要充分的湿度避免干枯死亡，需要适当的环境让吐出的丝线稳定悬挂，并且需要黑暗的空间散放微光，而钟乳石洞穴里正是一个天然且搭配得天衣无缝的理想生存空间。

进入萤火虫洞洞穴参观有特别几项规定：钟乳石及石笋会因为触摸而失去它的色泽，并破坏其脆弱的组成结构，必须珍惜，千万不要用手触摸；在萤火虫洞洞穴内必须保持安静，特别是乘坐平底船观看萤火虫时，千万不要惊吓，以免破坏萤火虫的生态环境；最后为了每位游客的安全，全面禁烟、全程禁止使用相机及录像机，并且必须跟着团队一同行动以便向导照顾，避免在湿黑的萤火虫洞洞穴内发生意外。

萤火虫洞如此天然形成的难能可贵的奇景，需要每一位游客一同来爱护与维持，让更多的人能够欣赏并体验这世界奇景的风采。

什科茨扬溶洞群（斯洛文尼亚）

　　什科茨扬溶洞位于近代洞穴探险运动的发祥地斯洛文尼亚，自1988年起已被列入联合国教科文组织世界自然文化遗产名录。

　　什科茨扬溶洞总长5000米，包括南部的索科拉格、西部的格洛巴哈克、北部的沙彭多尔和利赫纳等坡立谷，以及长约2.5千米的河滩和马霍茨奇溶洞，占地面积约2平方千米。什科茨扬溶洞中有钟乳石、石

五光十色的什科茨扬溶洞

笋，还有地下河和地下湖。它是世界自然文化遗产的重要组成部分，也为地形地貌研究提供了珍贵的资料依据。

　　什科茨扬溶洞系列有些溶洞深达 230 米，有些溶洞呈层分布。这些溶洞展示了喀斯特地形的演变过程，地质学上的"喀斯特"、"坡立谷"等名词都源于此。以什科茨扬溶洞为中心，这里建立了什科茨扬地质公园，还编写了卡通式的教育手册和游览大全。

　　什科茨扬溶洞是由于石灰岩被地下水长期侵蚀形成的，石灰岩里不溶性的碳酸钙受水和二氧化碳的作用能转化为微溶性的碳酸氢钙。由于石灰岩层各部分含石灰质多少不同，被侵蚀的程度不同，就逐渐被溶解分割成互不相依、千姿百态、陡峭秀丽的山峰和奇异景观的什科茨扬溶洞。

什科茨扬溶洞群

　　溶有碳酸氢钙的水，当从溶洞顶滴到洞底时，由于水分蒸发或压强

减少，以及温度的变化都会使二氧化碳溶解度减小而析出碳酸钙的沉淀。这些沉淀经过千百万年的积聚，渐渐形成了钟乳石、石笋等。洞顶的钟乳石与地面的石笋连接起来，就形成了奇特的石柱。

此外，什科茨扬溶洞中的河里还有各种各样的鱼，其中一种无鳞、腮肺并存、眼睛蜕化的"盲鱼"和一种长 33 厘米左右、皮如人皮、有四只脚的两栖动物——"人鱼"，是鱼中的极品。

什科茨扬溶洞群内还有丰富的钟乳和挺拔的石笋，有的像巨大的宝石花，冰清玉洁；有的像圣诞老人，笑容可掬；有的像雄狮下山，有的像飞鸟展翅，造型千姿百态。流经溶洞的池弗卡地下河忽隐忽现，时而清澈宁静，时而急流奔泻，一座"俄国桥"横跨河上，这是 1919 年第一次世界大战期间奥匈帝国俘虏的俄国兵修筑的，故得此名。这座桥将溶洞分为了老洞区和新洞区两个部分。

什科茨扬溶洞的著名景点有"望点"、静默洞和怨声洞等。其中尤以白色的音乐厅景色为胜。它是一处高 40 米、面积约为 3000 平方米的大洞，形似一巍峨宫殿。洞内的音响效果极好，可容纳近万人，每年至少要在此举行一次岩洞音乐会。

什科茨扬溶洞地区降雨较为充分，月降雨量均在 110 毫米～160 毫米左右。夏季平均气温约为 21℃，平均最高气温 25℃左右，平均最低气温 14℃左右。冬季并不寒冷，平均气温－0.6℃，降雪较多，造就了其境内众多天然优良的滑雪场地。

斯泰克方丹化石洞（南非）

　　斯泰克方丹山谷的许多洞穴里藏有大量有关现代人类在过去三百五十万年里演变的科学信息，如人类的生活、与人类共同生活的动物以及那些被人类作为食物的动物等。这里还保存了许多史前人类的特征。

　　斯泰克方丹化石洞位于距约翰内斯堡大约 50 千米的一座山头上，

斯泰克方丹化石洞

距离山顶不足 10 来米。化石洞主体下面是一片辽阔的地下洞群。这些洞群以浑然天成的地下湖泊和千姿百态的钟乳石、石笋而享誉四海。

斯泰克方丹化石洞是由地下水位之下的白云石溶解于水后沉积而成的，它被认为是非洲原始人类化石最丰富的地区之一。现在由于地下水位的下降，游人们在通往地下湖泊的大厅里即可慢慢品味这大自然的杰作。

1896 年，一个意大利承包人在此开采石灰石，才使得斯泰克方丹石洞见诸于世。人类学家和考古学家共同认为第一批人类就诞生在非洲的这一地区，然后从这里扩展到全世界。1936 年 8 月 17 日，罗伯特博士首次发现了非洲南方古猿的成人头盖骨（距今 260 万～300 万年）。此后，他又与约翰博士共同发现了许多类人猿骨骼以及已灭绝的锯齿

头骨化石

猫、猴子和羚羊的化石。1947年，他们发现了著名的"普莱斯夫人头盖骨"。1956年在形成时期较晚的石洞里，石制工具走进了人们的视野。

按照形成年代的顺序，洞中的这些化石被加以分类整理；同一时期的化石，又按出土顺序加以排列。斯泰克方丹石洞为我们架起了一座一瞥原始人类生活的桥梁。在这片土地上，目前已发现了数以百计的300万～260万年前的古人类化石及成千上万的其他动物的体骨和牙齿化石，这一数量在非洲出土的南猿化石中首屈一指，吸引了世界各地的科学家们前来考古研究。

树木在两三百万年的"年轻"地层里可以形成化石堪称奇迹，但在斯泰克方丹却发现了300多个树木化石的断片。将其与现代植物比较研究之后，可以断定260万年前斯泰克方丹曾经生长着一个长廊林，边缘地带则是一片辽阔的大草原。

刚果洞（南非）

南非的刚果洞是一个巨大的石钟乳洞穴。这是一个深 107 米、宽 54 米、高 17 米之巨大绮丽的钟乳石洞窟。这座山中洞穴，入口处有土著布须曼人所遗留下的壁画，洞穴中则尽是石笋、石柱、水晶，有些甚至高达 10 米以上。洞穴内安装了五彩缤纷的投射灯光，别有一种神秘的美感。据考证，洞中有些地形已历经 15 万年之久，蕴藏着许多宝贵的学术数据，称得上是南非最珍贵也最壮观的自然地形之一。

从入口到内部都是尽量使人能看到洞里自然的造型，洞壁上满是石笋、石柱和钟乳石，有些是已

刚果洞中的石笋

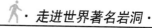

历经15万年以上超过十米高的石柱，其他的钟乳石笋也是形状千奇百怪，有的酷似教士，有的酷似圣母玛丽亚……，加上灯光照明，色彩缤纷夺目，再搭配上交响乐，巧夺天工的音响与景致交融，犹如仙乡幻境，令人惊叹不已。

不像一般洞穴可以划船、步行，刚果洞很险、很难走。很多地方需要手脚并用，甚至靠扭动全身来进行移动。游客需要将自己置身于仅仅30厘米宽的"魔鬼的烟囱"中，单凭自己的手脚在又湿又滑的溶壁上寻找支点，将自己送出洞口。通过这个洞之前，建议先量一下自己的胸围和臀位，"丰满"在这儿可是会变成让你出不去的包袱。另外，要通过这个洞，团队协作也非常重要。

在"邮差的信封"这关，游客必须平躺或趴在石壁上，慢慢地往下滑，像信封被投进邮筒一样。还有一些地方，需要把自己收缩起来，能多小就多小，慢慢地移动。这对柔韧性和收缩能力是一个巨大的挑战。

猛犸洞穴 （美国）

　　猛犸洞穴国家公园占地 207.83 平方千米，位于美国西部肯塔基州中部的山区。

　　猛犸是一种长毛巨象，如今已灭绝。猛犸洞穴与猛犸并没有什么关系，在这是借用此名来形容洞穴庞大。

　　猛犸洞穴形成于 1 亿年前。猛犸洞穴拥有已经探明的 560 多千米的通道和其他尚未探明的通道，因而成为世界上最为庞大的洞穴体系。地表和地下充沛的水源与地质上的早石炭世期间（三亿多年前）沉积的石灰岩，共同创造出这个被称作"万洞之地"的地下洞穴网。日久年深，由于水位下降，留下了这

猛犸洞穴国家公园

些狭窄的水平通道、宽广的洞室和联系这个巨大迷宫的垂直通道。最底下的通道现在仍然在水流的作用下不断扩大。水渗入洞穴形成的石钟乳、石笋和石膏晶体装点着洞室和通道。目前已探明的地下洞穴通道根据分布的高度不同分为五层，全长306千米。洞穴、山洞、岩洞和廊道组成这个宽阔的地下综合体。林立的石笋和多姿的石钟乳遍布洞中。洞内景象壮观，有两个湖、三条河和八处瀑布。洞里还有一条6米～8米宽，1.5米～6米深的回音河。洞中还有地下暗河通过。

猛犸洞穴这个令人难以置信的自然奇迹向人类已有的对自然界的传统认识提出了挑战。洞穴探险家柯林斯在1917年发现的弗洛伊德·柯林斯水晶洞也是公园的一大景点。据说此水晶洞连接着数目不下于15个的其他洞穴，这些洞穴与水晶洞类似，这一庞大洞穴系统便是以此水晶洞为中心的。猛犸洞最早是由印第安人发现和居住的，他们在洞内用火把照明，用柴煮食，洞内还留有火把的灰烬等遗迹。为了保持洞内原

猛犸洞内的石花

有的模样，没有作任何人为的装饰，让人有种返归自然的感觉。

洞穴已发现生活着 200 种以上的动物，有印第安纳蝙蝠和肯塔基洞鱼等。其中 1/3 的动物一直与世隔绝，仅靠河水的养分生存。珍稀的动物如盲鱼、无色蜘蛛显示了动物对绝对黑暗和封闭环境的适应。

猛犸洞穴中已经鉴定的花卉共有 900 多种，其中 21 种是濒临灭绝的珍稀品种。这里是鸟的天堂，目前已经观察到的鸟类有 200 多种，37 种鸟有着婉转的歌喉，其中 11 种在园内筑巢生息。其他的鸟类如猫头鹰、啄木鸟、唐纳鸟野火鸡等也在这里安居乐业。这里还是小动物的乐园，野鹿、负鼠、野兔、土拨鼠、麝鼠、海狸、火狐狸和山狗等随处可见。

将近 48 千米长的格林河和诺林河蜿蜒流过公园，为游客乘独木舟游园提供了便利。园内四通八达的人行步道有约 113 千米长。一条 0.8 千米长的小路会把您带到"冥河之泉"，在那里您会看到流经洞穴的河水奔涌出地面。有些小路还是专门为残疾人修建的。大多数小路允许骑马通行。12 个野营地星罗棋布于园内各处的小路附近。当然，在两条河的泛滥平原上或是在河中的小岛上宿营都是可以随便选择的。

洞内是奇珍异景，神鬼莫测，洞外是花团锦簇、燕语莺吟，让您惊叹自然的造化是如此美妙。

温德岩洞（美国）

在南达科他州的格雷特平原上，野牛、叉角羚和黑尾鹿仍然在长满牧草的山坡上悠闲地吃草。草原猎鹰在空中盘旋，寻找着猎物。向西北方望去，长满松树的黑山的东翼在远方若隐若现。

不过，这由草原和阳光组成的宁静世界多少带点欺骗性。在大草原

金碧辉煌的温德岩洞

下，另有一片地底奇观，大自然正在那里施展它的鬼斧神工。

大约在3.5亿年前，南达科他州被一片浅海淹没。当时，北美洲位于赤道，属于热带气候。逐渐地，随着陆地上升和北移，海平面降低。海水留下一个沉积层，厚度在90米～180米。

大约3.2亿年前，又有一片海水淹没了这一区域，第一个沉积层上面留下了约100米厚的另一个沉积层。黑山的造山运动使得这些石灰岩沉积层出现了裂缝。

又经过了数百万年的时间，海水渗入这些裂缝，逐渐将岩石溶解，创造了今天我们所看到的迷宫般的通道和洞室。

温德岩洞是世界上最大的岩洞之一，它以石灰岩为底，洞内道路错综复杂，迄今已有6000万年的历史。许多石灰岩洞，包括马默斯洞穴等，形成的位置相对较浅，有时甚至小于30米，但温德岩洞不同，它弯弯曲曲穿过岩石，延伸到上百米深的地下。有一个地方，岩洞居然深达地下180多米。

"温德岩洞"这个名字取自在岩洞中交替吹进、吹出的强风。风的方向取决于洞内气压是高于还是低于外部大气压。

确切地说，温德岩洞就像是在呼吸一样，由于不断吸进和呼出空气，这个巨型洞穴却比大部分岩洞都要干燥。在温德岩洞里，不会听到那种永不停歇的怪诞的滴水声和渗水声。

由于温德岩洞不像其他许多岩洞那样潮湿，因此，这里几乎没有钟乳石和石笋。大自然在这里造就了另外一种地下奇观。地表水不是从大洞口流入，进而将矿物质沉积成很粗的石柱，而是从石灰岩微小的裂缝和孔隙渗出。渗出的水在洞壁和洞顶形成了一层带微小水滴的薄膜，创造出独一无二的地质景观。整个岩洞的洞壁和洞顶都包裹着一层五颜六色的外壳，让人叹为观止。

形象的名称体现了这些神奇的自然造物的特点。有一种岩层形态叫做"爆米花"，是球状的突起，看上去就像大小不一、形态各异的珊瑚

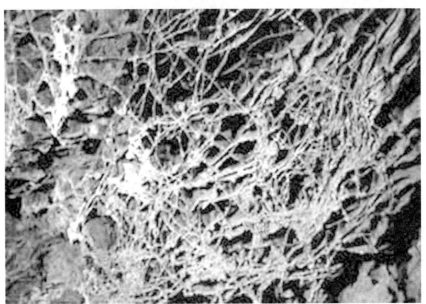

温德岩洞的花边状方格岩

块。还有一种构造名叫"霜花"，小的霜花只有一小串，也有大的圆形霜花，看上去就像雪球。

　　温德岩洞最著名的景观，可能就是世上最精致"方格岩"了，这是一种类似蜂巢的方解石构造。这种岩石在洞内随处可见，不过，最好的方格岩在"邮局"、"寺院"和"天国之门"这三处地下洞室里。

　　1881年，耶西·宾厄姆和汤姆·宾厄姆兄弟俩发现了一个独特的地下仙境，也就是今天的温德岩洞。当时兄弟中的一人正在沿峡谷追赶一只受伤的鹿，突然，他听到一声巨大的呼啸。低头看时，从岩石缝隙径直吹出的强风掀掉了他的帽子。

　　几天后，当耶西带人来看这个神奇的洞穴时，风向改变了，他的帽子被吸进了洞里。每个看到温德岩洞的人似乎都想从中捞一笔。曾有几家机构争夺温德岩洞的开采权和导游权，其中还一家机构自称为"神奇温德岩洞改善公司"。直到 1903 年，美国联邦政府将温德岩洞列为国家公园，这场持续数年的激烈争夺才宣告结束。温德岩洞是首个进入国家公园体系的岩洞。

今天，温德岩洞已成为国家公园体系中的一颗明珠。从草原野生动物到您从未见过的岩层形态，温德岩洞国家公园带给您的是可以全家共享的独特体验。

卡尔斯巴德洞穴 （美国）

　　1900 年的夏季，美国一位农民金·怀特在哥德洛普山谷中寻找自己失踪的羊群时发现了一个超大的洞穴——卡尔斯巴德洞。

　　卡尔斯巴德洞穴位于美国西部的新墨西哥州佩科斯河西岸吉娃娃森林内部。这是一个神奇的洞穴世界，面积 189 平方千米。它以丰富多样而美丽的矿物质而著称，这些矿物产生于 80 多个石灰岩洞中。现已发现 81 个洞穴，最深的位于地表下 305 米；最大的一个比 14 个足球场还要大。特别是龙舌兰洞穴，构成了一个地下的实验室，在这里可以研究地质变迁

卡尔斯巴德洞穴

的真实过程。为了保护卡尔斯巴德洞穴，美国在这里建立了国家公园。

卡尔斯巴德洞穴形成于 2.8 亿～2.5 亿年前的二叠纪。整个溶洞群长达近 100 千米。期间，雨水渗入瓜达卢佩山石灰岩山体的裂缝，溶解了松软的岩石，刻凿出隧洞和洞穴，水从洞穴中流出，留下的矿物质形成了各种造型。

溶洞分为三层，山体内地上 330 米处一层，地上 250 米一层和地下 200 多米处一层。洞穴中的钟乳石千姿百态，令人目不暇接，引发人无数的遐想。钟乳石都有形象的名字，如"恶魔之泉"、"国王宫殿"、"太阳神殿"等。另外，洞穴中还有岩帷幕和洞穴珍珠，前者轻轻击打能发出悦耳的声音，后者是小沙粒外层裹上了一层碳酸钙，形成了有光泽的石球，如珍珠般璀璨。最吸引人的是巨室洞穴，1200 米长，188 米宽，

绿湖厅

85 米高。四壁的钟乳幔将其装点得犹如一座豪华的宫殿。洞内有一根巨大的石柱，高 18.6 米，直径约 6 米，尤为奇特。

通过卡尔斯巴德最有名的溶洞后，沿着一系列"之"字形的线路从主廊下降 253 米，可以到达绿湖厅，它是因为位于洞中央的艳绿色水潭而得名，该洞穴布满了各种造型的精美钟乳石。

黄昏时候，卡尔斯巴德的洞口会出现一种不可思议的景观，数百万只蝙蝠阴冷黑暗的洞穴中振翼飞出，在黑暗中捕食昆虫，挡住了整个卡尔斯巴德洞口。

金·怀特发现这个洞时，里面的蝙蝠多达 800 万只，可如今蝙蝠只有 30 万只了。人们在卡尔斯巴德洞内安装了电梯，出入洞穴只需要用半个小时就可以了。

列楚基耶洞穴（美国）

　　该洞穴位于美国新墨西哥州的列楚基耶，洞穴系统有 193 米长、500 米深，这个曾经不可名状的洞穴是在 1986 年由国际明星们发现的。当时，这些探洞人突破一条封闭的通道，发现了许多可以行走的隧道。从此，160 多千米的隧道被绘制出来了，使此洞穴成了美国第三大最长洞穴和世界第五大最长洞穴。

　　当第一批探险者进入其中时，没有人会想到它如此之大，但这还不是最大的惊喜。他们很快发现，这里还有精美的地下构造。岩壁上覆盖着精美的水晶，其中很多是由石膏形成的，而石膏只有在石灰岩中才有。在这里这种水晶般的构造绵延若干千米。水是大多数洞穴的创造者，但和别的石灰岩溶洞不同的是，楚基耶洞的岩石并没有被流水冲掉。因为列楚

列楚基耶洞人与石柱

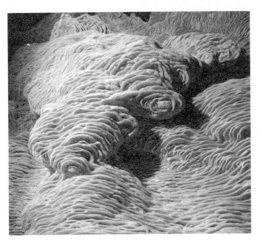

洞穴小麦片

基耶洞中唯一的水是这些静止清澈的水池。

列楚基耶洞穴更深处，充满最奇特的地段，上面布满极其精美的水晶。正是楚基耶洞的这些石膏水晶让科学家们对这些洞穴的形成感到好奇。楚基耶洞的石灰岩实际上已经被硫酸腐蚀掉了，这些硫酸几乎溶解了数千米长的石灰岩。硫酸溶解石灰岩后留下了石膏，这是形成列楚基耶洞奇妙构造的基础。枝形吊灯舞厅是最奇妙的发现，它的水晶石长达6米。而且石壁上还有更多的神奇。人们发现，极端生物还在这里依靠岩石本身生存。这种不需要太阳的能量而存在的生命的发现向我们显示出，我们的地下世界是何等复杂奇妙。

本篇简介 **B**enpian **B**jianjie　　豪乌岩洞是美国纽约州第二大最受欢迎的自然景观。人们把它当作是结婚的礼堂，它已经见证了许多新人的幸福时刻。

豪乌岩洞（美国）

　　尼亚加拉瀑布是美国纽约州一处著名的旅游景点。其实，在纽约州还有一处旅游胜地豪乌岩洞，每年都会吸引大批游客。按理说，这里看上去实在不像是一处旅游胜地，不过是山边的一个洞穴而已。可这里却是除尼亚加拉瀑布之外，美国纽约州第二大最受欢迎的自然景观。

豪乌岩洞

1842年5月，农夫莱斯特雷·豪乌无意中在奥尔巴尼市郊发现了这个岩洞，豪乌岩洞也由此得名。不久他决定将岩洞对公众开放。不过每个进入岩洞参观的游客都要买门票，票价相当于当时一个人半天的工资，尽管如此，游客仍络绎不绝。150多年来，已有数百万游客造访过豪乌岩洞。

这个像迷宫一样的地下岩洞，是六百多万年来，由一条地下河日夜不停地雕琢而成的。洞内布满了大大小小的方解石、钟乳石和石笋，在灯光的映衬下，宛若巧夺天工的艺术品。不过真应了那句慢工出细活，它们每一百年才会长一寸。同时，这些五彩缤纷的颜色也是大自然的杰作，每种颜色都代表着石块内存在的一种元素。红色代表着铁，黄色代表着硫，绿色代表着铜，黑灰代表着铝盐，白色是纯正的方解石。

这条长2.4千米的"弯曲小道"是洞内的主要旅游路线，也是地下岩洞被侵蚀的一个明显的例证。洞内还有一个维纳斯湖，游客可以搭乘威尼斯式的平底船泛舟湖上，在湖上可以更好地观赏洞内的全景。

由于地下河水位上涨，每年豪乌岩洞还要关闭几次。不过，豪乌岩洞还是以它的神秘气息吸引了大批游客，甚至还有人把这里当成结婚礼堂。自1854年9月27日第一对夫妇，也就是豪乌的女儿在此喜结良缘以来，豪乌岩洞已经见证了四百多对新人的幸福时刻。

本篇简介
Benpian
Bjianjie

蓝洞位于塞班岛的东北角，是与太平洋相连的天然洞穴。

塞班岛蓝洞（美国）

蓝洞，听起来似乎深不见底，实际上你更可能被它神秘莫测的海底魅力所吸引。蓝洞巨大的钟乳石洞穴甚至可以容纳一座教堂，每当日影西斜，岩洞的阴影投射在水面上，这里便成了鱼儿们的游乐场。

蓝洞在塞班岛的东北角，是塞班最著名、难度高的潜水地点，这里常可看到潜客们在此练习下水。它是与太平洋相连的天然洞穴，地质是

塞班岛蓝洞

·走进世界著名岩洞·

珊瑚礁形成的石灰岩，蓝洞最神奇之处，就是石灰岩经过海水长期侵蚀、崩塌，形成一个深洞，水深达到 17 米，最深处达到 47 米。蓝洞与外海有 3 条相连的水道，光线从外海透过水道打进洞里，蓝洞水池内透出淡蓝色的光泽，相当美丽。

蓝洞的外观看起来像张开嘴的海豚，内部是一个巨大的钟乳洞，海水清澈见底。在这里潜水的时候可以见到各种各样的海龟、鲨鱼以及金枪鱼，另外还有五颜六色的热带鱼、水母、海胆……海底的世界比陆地还要精彩斑斓。蓝洞里面还有两个天然游泳场，通过海底通道连接外部的海洋。对于潜水者来说，这是无与伦比的体验。蓝洞曾经被《潜水人》杂志评为世界第二的洞穴潜水点。喜欢潜水的人能在这里得到极大的享受。

墨西哥巨型水晶洞（墨西哥）

墨西哥巨型水晶洞埋藏在奇瓦瓦沙漠奈加山脉下 305 米深处。2000年，一家工业公司的两名矿工在挖掘一条地下隧道时发现了这个奇特的洞穴，里面含有许多巨大的水晶柱。这些半透明的巨型水晶长度达 11 米，重达 55 吨。巨大的水晶柱从洞穴的上面和四周突出来。西班牙格拉那达大学的加西亚·鲁伊斯说："这真是自然奇观啊！世界上没有哪个地方的矿物世界能有如此漂亮了。"

为了弄清楚这些水晶是如何长到这么大尺寸的，加西亚·鲁伊斯对水晶当中含有的小量水体进行了研究。他说，这些水晶长得很快，因为它们被淹没在矿物质丰富的水当中，

墨西哥巨型水晶洞

· 走进世界著名岩洞 ·

而且这些水的温度稳定，大致保持在 58℃ 左右。在这个温度下，无水石膏这种矿物质在大量的水当中就会被分解成为石膏，石膏是一种柔软的矿物质，它可以形成洞穴当中的水晶。

　　水晶的大小不会受到限制。但是，要形成奈加洞穴中这样巨大的水晶，那里的温度就必须保持在接近 58 摄氏度上百万年，如果温度下降得过快，形成的水晶又会很小。

　　现在人们能够走进这个水晶洞观看那里的巨型水晶是因为里面的水被抽走了，如果停止抽水，水晶洞重新被淹没后，里面的水晶还可以继续生长。

丛林王岩洞（巴西）

丛林王岩洞约有一千米长，但仅 220 米开放游客参观。这处岩洞被科学家称为活洞，因为它还继续在形成当中。洞内的钟乳石系由沉积钙质的滴水，经年累月硬化后形成。洞内的第三厅堂最大，差不多有 80 米长，有无数钟乳石形成，包括色泽呈橘红色的"大胡萝卜"，和历时 2 万年才形成的"大冰淇淋"。

丛林王岩洞最引人入胜的，是第四厅堂的钟乳石形成：有二根高 13 米、直径 30 厘米的圆柱，类似这样的钟乳石形成，只有西班牙的奥达密拉窟才有。丛林王岩洞内还有距今 6 千年前的史前人类壁画遗址。

丛林王岩洞

·走进世界著名岩洞·

古巴地下山洞（古巴）

古巴是个山洞极多的岛国，境内大约有 1000 多个山洞，是拉丁美洲著名的旅游胜地。遍布全岛的天然山洞，构成了古巴奇妙的地下世界。这些山洞有的暗廊回转，有的厅堂宽敞，有的动物成群，有的植物茂盛，有的瀑布飞泻，有的湖水涟漪，可以说是千姿百态，千奇百怪。

位于古巴西北部的圣托马斯山洞是古巴最大和最美丽的大山洞。由于圣托马斯河的冲击和侵蚀，形成了这条长达 15 千米的地下洞系。全洞由地下走廊构成，洞穴重重叠叠，有的高达 5 层，层层相通。其中最底下的一层是圣托马斯河及其支流佩尼亚特河的地下河床。在迷宫似的山洞里，有无数晶莹的钟乳石从洞顶倒挂下来，有的像冰雕玉琢的花朵，有的像银白的胡子，又细又长垂直飘下。

洞壁上布满千姿百态的沉积物，犹如雕刻精美的浮雕，灯光一照，光彩夺目，瑰丽多姿。洞里有的地方异常宽阔，大理石构成的洞顶和洞壁光滑平整，仿佛是人工造就的歌舞厅。

贝拉雅马尔大岩洞是古巴最早发现的岩洞，位于马坦萨斯省。1861 年，一群华工在马坦萨斯省东南部山丘下凿石挖洞时，无意之中发现了这个巨大幽深的地下洞穴。地洞深约 5 千米，洞内有小溪流水、天然桥梁、隧道和回廊，还有千奇百怪的钟乳石和石笋、石花。钟乳石的形状有圆形、十字形、涡形、螺旋形，石花有的像大理花，

古巴地下山洞入口

有的像郁金香。

科伦山洞位于卡瓜涅斯角附近的海岸上。洞的外表难看，洞里声音嘈杂，高温潮湿，是虫、蛇、蝙蝠的聚居地。洞里栖息着数以千计的蝙蝠，天长日久，洞底下积存了厚厚的蝙蝠粪，粪便上长满褐色小蟑螂和白色壁虎。洞中角落里盘踞着许多肥大的蟒蛇，它们以蝙蝠为食，而蝙蝠又以虫为食，虫以粪便为生，它们各有所好，相互依存。

希瓦拉山洞是美洲最深的山洞，深达267米，洞内有8条瀑布和一个小湖。而古巴另一大山洞博克罗斯内山洞，除瀑布、河流外，还有一个水深300多米的大湖。

有些山洞中发现了许多考古文物。在布雷亚山洞中，发掘出古代印第安人的生活用品，有石球、磨成三角形的石块、用贝壳做成的凿子、带有残痕的乳钵以及人的遗骨。在卡马圭省的一个山洞中，发现了原始居民刻在洞壁上的图画和遗留下来的平底陶釜的残片。这说明在很早以前，就有人居住在这些天然岩洞里。

独立战争时期，古巴起义军曾利用地下洞穴作为隐蔽所、储存物资的地下仓库和生产武器的地下兵工厂，打击西班牙殖民者。现在古巴人民开发洞中的丰富资源，利用风景秀丽的山洞发展旅游业，使奇妙的地下山洞变成了旅游者的乐园。

平图拉斯河手洞 （阿根廷）

平图拉斯河手洞位于阿根廷圣克鲁斯省西北方，是在巴塔哥尼亚地区的平图拉斯河附近的一个山洞。

手洞的名字来源于洞中无数的手印。这些手印有黑色的、赭色的、紫罗兰的、黄色的和红色的。它们大约完成于公元前550年。大多数手印都画在一个24米长的洞里。除了手印之外还有其他有几何图形和动物。骆马的图画是最为古老的，大约画于9000年前，那时这区域居住着猎人。在公元前1000年左右，几何图案和手印被画了上去。颜料似乎是使用这区域的石头混合骆马脂肪制成的。这些图案

平图拉斯河手洞

经历数千年没有被破坏。湿气、阳光或风之类都不能进入洞穴，所以壁画保存得很不错。

　　平图拉斯河手洞的发现早于西班牙的阿尔塔米拉洞窟壁画。在1876年，佩里托·弗朗西斯科·莫雷诺发表了关于手洞的报道。由于平图拉斯河地处偏远，直到1949年才由阿尔贝托·雷克斯·冈萨雷斯标示在地图上。1999年被列入世界遗产名录。

本篇简介	
Benpian	吉诺兰岩洞内钟乳石、石笋、石幔在灯光照耀下闪光
Bjianjie	耀眼，光怪陆离。

吉诺蓝岩洞（澳大利亚）

　　吉诺蓝岩洞位于澳大利亚东南部旅游胜地蓝山以西 100 余千米处，是一座地下山洞奇景。构成山洞奇景的主要成分有两种，一种是钟乳石，另一种是泻入洞里的流水夹杂着的沉淀物质。钟乳石宛若寒冬季节垂挂在屋檐边上的冰柱，也像冰柱一样缓缓融化向下滴落，点点滴在地面上，堆叠隆起长高，最后形成石笋。上面的钟乳继续溶解下滴，下边的石笋不断叠高。等到钟乳和石笋连接起来，就成了上下两端粗中间细的石柱。流水中的沉淀物质，随着水流的快慢，产生各种各样的形态，常见的有宝盖、尖塔、瀑布、披肩、冕旒、珠串等等。

　　吉诺蓝岩洞，分布在地面上的较少，掩藏在地面以下的多，而且多数是大洞套小洞、洞中有洞。地面上有大拱门、

吉诺蓝岩洞回教堂圆顶

魔鬼马车房、卡洛塔拱门3个洞，地下的洞穴约有100多个。其中帝王穴景象最华丽，洞穴最长最深，洞里还有地下洞天中的小桥流水。

帝王穴内最精彩的洞景有4处：一是回教堂圆顶，看起来更像一座宝塔，整座宝塔是纯白色，几条横纹把宝塔分做几层，直挺的尖端便是惟妙惟肖的塔顶；塔旁有几个矮小的石笋，仿佛是几个人在仰望宝塔。二是仙女洞府，一根较粗的白玉柱和几根较细的白玉柱，构成了琼楼玉宇的檐廊；一片雪白的垂帘，好像能工巧匠精心雕琢成的珠帘；玉柱珠帘里面的洞穴显得很深，可以隐隐约约瞥见几个人的侧影和她们飘逸的裙角，不知那里面藏着多少仙女。三是看上去像是皇冠边上的冕旒，一丝一条都是精雕细磨出来的；几条凸起的横纹像是皇冠上的叠缝，中央顶上有一颗圆形石头，更像是皇冠顶上的珍珠，整个皇冠光芒闪烁，好像是上面镶嵌着无数碎小的钻石。四是美神浴室，有人说这里是吉诺蓝岩洞的第一洞景；在金黄的天花板上，垂挂着几条金银珠串，壁角有一个泉口喷吐出乳白色的泉液，一池浴水上飘浮着一层雪白的香皂泡沫，好像是美神刚刚浴罢离去。

洞中景色变化层出不穷，忽而是瑰丽万状的溅珠飞瀑，忽而是富丽堂皇的飞檐曲廊，一会儿是一片薄雾迷蒙，一会儿又能看见几点灯火，那变幻莫测的景色，真令人目眩神迷。河穴深处还有一条缓慢流动着的小河，看不见河水来自何处，也看不清小河流向何方。小河前方有一巨大的岩壁挡住去路，旁边有一架铁梯，攀上巨岩俯视来处，恍惚是站在云端鸟瞰尘寰，几处渔火点点，河上波光闪闪，像是几点寒星在夜空中闪烁。

吉诺蓝岩洞的景观可以说是鬼斧神工妙趣天成，又显得曾经过精工琢磨，具有艺术加工的效果，令人叹为观止。